KB047037

세상은 왜
다른 모습이 아니라
이런 모습일까?

세상은 왜 다른 모습이 아니라 이런 모습일까?

The Birth of Constants

김범준 지음

바다출판사

차례

세상을 이렇게 만든 변하지 않는 수에 대하여

아인슈타인은 "이 세상에서 가장 이해할 수 없는 것은 어쨌든 우리가 이 세상을 이해할 수 있다는 사실이다The most incomprehensible thing about the world is that it is at all comprehensible"라는 멋진 말을 남겼습니다. 우리 인간은 광막한 우주에서 정말 티끌같이 작은 존재입니다. 우리가 자랑스러워하는 인간의 이성도 사실 그리 대단한 것일 리 없죠. 티끌같이 작은 우리 인간을 위해서 우주가 존재하는 것일 리는 전혀 없는데, 아니 도대체 왜, 우리 인간의 보잘것없는 이성으로 우주를 이해하는 것이 가능한 것일까요? 우주가 우리에게 이해 가능해야 할 이유가 전혀 없는데, 왜 우주는 우리가 이해할 수 있는 방식으로 구성되어 작동하는 것일까요?

과학의 역사는 인간이 끊임없이 스스로 자신의 평범한 사소함을 찾아낸 역사입니다. 이제 우리는, 우리가 별것 아닌 은하의 대단치 않은 항성 주위를 도는 평범한 행성에서 어쩌다 진화의 과정에서 우연히 출현한 그리 특별할 것 없는 동물이라는 것을 잘 알고 있습니다. 과학뿐 아니라 우리 각자의 인생도 마찬가지죠. 어릴 적 물어보면 어떤 것이라도 대답해 주었던 세상에서 가장 현명했던 엄마와 아빠의 모습은 자라면서 점점 그 빛을 잃고, 우리는 더 넓은 세상을 만나면서 결국 자신이 세상의 중심이 아니라는 것도 알게 됩니다. 나와 당신, 우리 각자 모두가 소중한 존재인 이유는 어느 누구도 세상의 중심이 아니기 때문이 아닐까요? 어쩌면, 어느 누구도 특별하지 않기에 나의 진리, 당신의 진리가 아니라 모두가 함께 합의할 수 있는 보편적인 진리를 우리가 갈망하는 것일지도 모릅니다.

내가 잰 길이와 당신이 잰 길이는 같은 것일까요? 자신의 자가 맞고 상대의 자가 틀린 것이라고 각자 우긴다면 우리는 어떤 것에도 합의할 수 없습니다. 결국 자의 눈금인 길이의 단위에 합의하지 않으면 소통은 불가능합니다. 지구 위 한 나라 한 장소에 1 m 길이라고 우리 모두가 합의한 막대가 있다면 어떨까요? 조금 귀찮아서 그렇지 지구 위라면 그래도 이 곳을 찾아와서 이 막대의 본을 떠 같은 1 m 길이의 막대를 만들어 가져가 어디서나 사용할 수 있습니다. 인간의 역사가 흐르면서 고을마다 달랐던 단위가 온 나라에서 통일되고 다음에는 지구 위 모든 나라에서 단위에 대한 공통의 합의가 등장합니다.

길이뿐 아니라 여러 측정량의 단위가 과학에 등장합니다. 단위의 발전사는 합의의 범위가 넓어진 역사와 다르지 않습니다. 합의의 넓이가 바로 과학의 보편성이 성립하는 범위입니다. 점점 더 넓은 보편성을 추구해 온 우리 인류는 이제 우리가 상상할 수 있는 가장 큰 규모의 합의에 도달하게 됩니다. 단위가 가진 보편성의 끝판왕, 우주 전체입니다.

아직 한 번도 만나지 못했지만 우주 어딘가의 지적 존재를 상상해 보세요. 그들에게 길이의 단위 1 m를 설명할 수 있을까요? 그들은 인간이 만든 가장 빠른 우주선으로도 십만 년이나 걸리는 거리에 있습니다. 우리가 가기 힘드니 그들도 마찬가지로 지구에 직접 찾아오기는 어려운 먼 거리입니다. 외계인이 와서 보기 어려운 막대의 길이를 1 m로 정의한다면 외계의 지적 존재는 도대체 얼마나 길어야 1 m인지를 전혀 짐작할 수 없죠. 그들에게 1 m의 길이를 알려줄 수 있는 방법이 있습니다. 바로, 우주 어디서나 같은 무언가를 이용하는 것이죠. 우주 어디서나 물리학의 법칙은 같고 물질을 구성하는 원자도 같습니다. 따라서 물리학에 등장하는 보편적인 상수를 이용하면 우주 어디서나 성립하는 단위를 정의할 수 있습니다. 과학에서 단위의 발전사는 바로 물리학의 보편 상수를 우리가 더 정확히 측정한 역사입니다.

이 책은 과학의 여러 상수에 대한 이야기입니다. 우리 인간이 오래 노력해 얻어낸 여러 단위의 보편성에 대한 이야기이기도 합니다. 과학의 상수가 달라진 세상은 어떤 모습일지도 상상해 보았습니다. 빛의 속도가 우리가 걷는 속도와 비슷한 세상, 전자의 전하량이 지금과 많이 다른 세상, 중력 상수가 늘어난 세상도 상상해 보았습니다. 상상을 이어가면서 깨닫게 된 것이 있습니다. 우리 사는 세상이 저런 모습이 아니라 바로 이런 모습인 이유는 물리학의 상수가 딱 이 값이기 때문입니다. 만약 그렇지 않았다면 저도, 그리고 당신도 이 세상에 존재할 수 없습니다. 우리 모든 존재의 근원에는 물리학의 자연 법칙과 보편 상수가 있습니다. 물리학이 우주 어디에서나 같기 때문에 우리는 우주를 이해할 수 있습니다. 이 세상의 이해 불가능한 이해 가능성은 물리학이 우주 어디서나 같기 때문입니다.

2023년 김범준

1장

빛의 속도가 내가 가는 속도와 같다면

빛의 속도를 잰다고?

맛있는 음식을 '눈 깜박할 사이'에 먹을 때 '게 눈 감추듯 한다'고 한다. 게가 깜짝 놀라 밖으로 나와 있던 눈을 감추는 일이나, 사람이 눈을 깜박하고 감았다 뜨는 일이나 둘 다 생명체가 하는 행동 중 가장 빠르게 일어나는 일로 보여 이런 속담이 생겼을 것이다. 그런데 사실 사람이 눈을 깜박하는 데 걸리는 시간은 사람의 다른 반사적인 움직임처럼 0.1 s(second, 초) 정도라 그리 짧은 시간이 아니다. 그동안 눈꺼풀은 위아래로 기껏 1 cm 움직일 뿐이다. 같은 0.1초 동안 야구 선수 류현진의 공은 4 m를 날아가고 단거리 달리기의 최강자 우사인 볼트는 1 m를 달린다.

아무리 빨리 달려도 사람은 사람이 만든 탈것들보다 느리다. 비행기는 심지어 소리보다 빨리 날기도 한다. 사실 소리도 무척 빨라 매일 나누는 주변 사람과의 대화에서 우리는 소리의 속도가 유한하다는 것을 거의 느끼지 못한다. 어서 밥 먹으러 오라는 엄마 목소리에 한참 동안 대답이 없는 아이는 소리가 작아서 못 들었다는 핑계는 댈 수 있을지 몰라도 엄마 목소리가 느려서 아직 자기 귀에 닿지 않아 몰랐다는 변명은 통하지 않는다.

소리가 빠르기는 하지만 얼마나 빠른지 재기는 어렵지 않다. 높은 산꼭대기에 올라 소리를 지르면 건너편 산에 부딪혀 되돌아오는 목소리를 들을 때까지 어느 정도 시간이 걸린다. 건너편 산까지의 거리를 알고 메아리가 돌아오는 시간을 재면 소리의 속도를 잴 수 있다. 여름날 번쩍하고 번개가 친 뒤 시간이 조금 지나 꽝 천둥소리가 들리는 것을 이용해도 소리의 속도를 잴 수 있다.

정말 그럴까. 바로 위 문장을 읽고 고개를 끄덕였다면 다시 생각해 보길 권한다. 사실 메아리가 반사되어 돌아오는 것은 소리의 속도에만 관계하는 현상이지만, 우리 눈에 보인 번개의 번쩍임과 귀에 들린 천둥 소리 사이의 시간차는 소리의 속도와 함께 빛의 속도도 생각해야 하는 자연 현상이다. 사실 멀리서 번쩍 생긴 번개의 빛도 어느 정도 시간이 지나서야 내 눈에 들어오기 때문이다. 거꾸로 소리가 빛보다 빠르다면 꽝 소리가 먼저 들리고 잠시 뒤 번개가 번쩍

이는 모습을 볼 수 있겠지만 현실에서는 그렇지 않은 것을 보면 어쨌든 빛이 엄청 빠르기는 하다.

메아리를 이용해서 소리의 속도를 재듯이 처음으로 빛의 속도를 재려고 한 사람은 그 유명한 갈릴레오 갈릴레이라고 알려져 있다. 저편 먼 산에 올라 등불을 들고 있는 친구에게, 이쪽에서 자신이 불을 손으로 잠깐 가려 깜박하면 그것을 보자마자 마찬가지로 불을 깜박하라고 하고는, 저 건너 산 깜박임을 자신이 볼 때까지의 시간을 재서 빛의 속도를 재려 한 것이다. 결국 뜻대로 안 되어 실패했지만 언뜻 들으면 그럴듯하지 않은가. 이 실험의 문제는 건너편 친구가 눈으로 불빛을 보고 자기가 들고 있는 등불을 깜박일 때까지 걸리는 시간이 아무리 짧아도 눈 깜박할 시간인 0.1 s 정도로 길기(!) 때문이다. 이에 비해 빛이 1 km 떨어진 두 산 사이를 건너가는 시간은 0.000003 s에 불과하다. 0.1 m 간격으로 눈금이 새겨진 자로 0.000003 m의 작은 물체의 길이를 잴 수 없는 것과 마찬가지 이유로 갈릴레오의 실험은 실패할 수밖에 없었다. 빛이 워낙 빠르기 때문이다.

빛의 속도를 잰 멋진 아이디어들

과학의 역사에서 빛의 속도를 처음 그럴듯하게 잰 사람은 덴마크의 천문학자 올레 뢰머라고 알려져 있다. 망원경을 만들어 목성을 관찰한 갈릴레오는 목성의 네 위성을 처음 발견했다. 그리고 그 위성들이 목성을 중심으로 한 둥근 궤도를 따라 움직이는 것 역시 발견했다(이는 지구가 모든 원운동의 중심일 필요는 없다는 예를 제공해서 지동설을 지지하는 증거로도 이용된다). 17세기 후반, 뢰머는 이 네 개의 갈릴레오 위성 중 목성과 가장 가까운 이오의 움직임을 망원경으로 살핀다. 지구에서 이오를 보면 이오가 목성 주위를 돌다 목성의 뒤에서 보이지 않다가 다시 눈에 보이는 순간이 있다. 이 시간을 두 번 연이어 측정해 그 차이를 구하면 이로부터 이오가 목성 주위를 도는 공전 주기를 잴 수 있다.

뢰머는 지구에서 본 이오의 공전 주기가 놀랍게도 일정하지 않다는 것을 발견했다. 뉴턴의 중력 법칙을 통해서 천체의 공전 주기의 제곱이 공전 궤도 장반경의 세제곱에 비례한다는 케플러의 제3법칙을 증명할 수 있는데, 공전 궤도 장반경이 변할 리 없는 이오의 공전 주기가 언제 측정하는지에 따라 달라지는 것은 무척 신기한 현상이었다. 뢰머는 그 이유가 바로 빛의 속도가 유한하기 때문이라는 합리적인

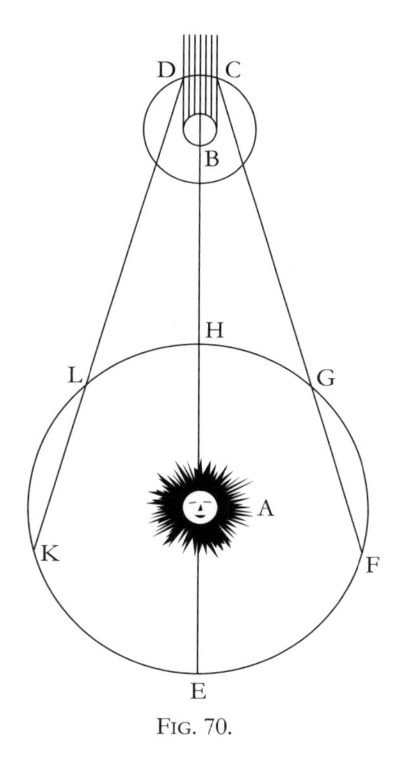

그림 1 빛의 속도를 측정한 뢰머의 방법

예측을 하고 빛의 속도를 정량적으로 측정했다.

뢰머의 책에 담긴 그림을 보면서 어떻게 뢰머가 빛의 속도를 측정할 수 있었는지 정성적으로 설명해 보자. **그림 1**에서 태양(A)을 둘러싼 원 모양의 궤도가 바로 지구의 공전 궤도다. 지구가 그림의 L의 위치에 있을 때 이오가 목성 뒤를 막 돌아 나온 모양을 망원경으로 봤다고 하자. 그다음 같은 현상(이오가 목성 뒤를 돌아 나와서 눈에 다시 띄는 현상)을 볼 때 지구의 위치는 K라고 해보자. 지구가 움직이지 않고 위치 L에 그대로 머물러 있다면 지구의 뢰머는 이오의 실제 공전 주기를 측정하게 되지만, 지구가 L에서 K로 이동했으므로 지구에서 보는 이오의 공전 주기는 실제 공전 주기보다 더 길어진다. 이오가 목성 뒤를 돌아서 앞으로 나오는 순간에 이오에서 출발한 빛은 지구가 L에 있을 때보다 K에 있을 때 더 먼 거리를 진행해 뢰머에게 도달하기 때문이다. 그리고 그 시간의 차이는 다름 아니라 빛이 거리 LK를 이동하는 데 걸리는 시간이 된다.

뢰머는 이오의 공전 주기가 얼마나 길게 측정되는지와 지구 궤도상의 거리 LK를 이용해서 빛의 속도를 측정한 것이다. 지구가 F에서 G로 이동하면서 목성에 가까워지고 있을 때에는 거꾸로 실제 이오의 공전 주기보다 짧아진 공전 주기를 얻는다는 것도 쉽게 이해할 수 있다. 당시 알려진 지구의 공전 궤도 반지름과 관찰한 이오의 공전 주기의 차이를 이용해서 뢰머가 구한 빛의 속도는 약 20만 km/s다. 이는 현재 우리가 아는 값의 2/3 정도로 상당히 그럴듯한 값이다.

뢰머가 망원경으로 천체를 관찰해 빛의 속도를 쟀다면 간단한 실험 장치와 멋진 아이디어로 빛의 속도를 더 정확하게 측정한 과학자가 바로 프랑스의 물리학자 이폴리트 피조다. 피조는 1850년 무렵 광원과 거울을 8 km의 거리에 두고는 광원에서 출발한 빛이 회전하는 톱니바퀴를 통과해서 거울에서 반사되어 되돌아오는 현상을 관찰했다. 톱니바퀴에서 톱니 없이 오목한 부분으로는 빛이 통과해 되돌아오지만 볼록하게 톱니가 있는 부분은 빛을 막는다는 점을 이용한 것이다. 이 방식으로 피조가 측정한 빛의 속도는 315 000 km/s*여서 현재 우리가 아는 빛의 속도에 상당히 근접한 값이다.

---

* 숫자와 단위를 이용해 물리량을 표기하는 국제 표준이 있다. 일상에서는 세 숫자마다 쉼표를 넣어서 315,000으로 긴 숫자를 적지만 과학 분야의 현재 표준 표기법에서는 쉼표 대신에 빈칸을 쓴다. 또 표준 단위는 원칙적으로는 알파벳 소문자를 기울이지 않은 똑바른 글자체로 쓰며 숫자와 단위 사이는 한 칸 비워두는 것이 표준이다. 315,000km/s가 아니라 315 000 km/s가 표준 표기법이다. 단위가 아닌 어떤 물리량을 가리키는 기호로 알파벳을 쓸 때는 이탤릭 글자체처럼 옆으로 기울어진 모양의 별도의 수식 글자체를 이용한다. 물리학 논문이나 책에서는 빛의 속도를 c가 아니라 c로 적는다.

초속 299 792 458 m를 약속하다

현재 빛의 속도는 진공에서 정확히 299 792 458 m/s이다. 이는 299792458.000000…… m/s의 꼴로 적으면 소수점 아래 0이 무한개 있다는 뜻으로서 '정확'하다는 말이다. 아니, 어떻게 이처럼 무한대의 정확도로 빛의 속도를 잴 수 있을까? 과학에서 측정을 통해 무한대의 정확도로 어떤 양을 잴 수 있는 경우는 단 하나도 없다. 독자도 눈치챌 수 있듯이 빛의 속도 c는 측정해서 결정하는 값이 아니라 'c의 값은 얼마 얼마다'하고 과학자들이 약속한 값이다. 1983년 국제 표준 단위에 관한 결정을 하는 국제도량형위원회에서 과학자들은 '빛의 속도가 바로 이 값이다'라고 약속하기로 결정했다. 이제 빛의 속도를 더 정확히 측정하고자 하는 노력은 아무런 의미가 없다.

만약 우리가 1 m의 거리가 얼마인지 그리고 1 s의 시간이 얼마인지를 약속하면 빛의 속도를 더 정확히 재는 실험은 중요하다. 하지만 빛의 속도를 정확히 299 792 458 m/s로 과학자들이 약속했다면 이제 이에 맞추어서 1 m의 거리와 1 s의 시간 중 하나를 다시 정의할 필요가 생긴다.

과학계가 택한 방법은 빛의 속도를 고정하고 이에 맞추어서 1 m의 거리를 다시 정의하는 것이었다. 속도는 거리를 시간으로 나눈 것이니 거리와 시간을 약속하고 속도를 측정하겠다는 것이 1983년 이전의 방식이었다면, 1983년 이후에는 이제 속도와 시간을 약속하고 거리를 이에 맞춰 정하는 방식으로 바뀐 셈이다. 내 키를 모두가 합의한 자의 눈금으로 측정할 수도 있지만 키를 딱 하나의 고정된 값으로 약속하고 그 값이 정확히 측정되도록 자의 눈금을 조정하겠다는 말과 크게 다를 것 없다. 이제 거리 1 m는 빛이 진공에서 정확히 1/299 792 458 s 동안 진행한 거리로 정의된다.

과학자들이 1983년에 모여서 빛의 속도를 딱 고정해 버린 이유가 있다. 빛의 속도 c가 워낙 중요해서 물리학에 등장하는 많은 수식에 c가 들어가는 경우가 많기 때문이다. 만약 작년보다 개선된 실험 방법으로 누군가가 금년에 더 정확히 c를 측정하면 많은 물리 상수의 값을 바꿔야 하는 불편함이 생긴다. 유명한 아인슈타인의 질량과 에너지의 관계식인 $E=mc^2$을 이용하면 주어진 핵 반응에서 얼마나 많은 에너지가 만들어지는지 계산할 수 있다. 그런데 작년과 달리 금년의 c값이 변하면 같은 질량으로 만들어낼 수 있는 에너지의 값이 함께 변한다. 내년에 누가 또 더 정확히 c를 측정하면 에너지의 값이 또 변한다. 이처럼 매년 더 정확해진 c값을 반영해서 다른 물리량들도 마찬가지로 바꿔야 한다면 책 파는 출판업자는 좋을지 몰라도 물리학자라면 누구나 큰 불편을 겪을 수밖에 없다.

빛의 속도는 어디에서나 동일하다

이름도 거창한 특수상대성이론에서 빛의 속도는 누구에게나 일정하다는 말은 이론의 결과가 아니라 가정이다. 이와 함께 등속으로 운동하는 모든 관찰자에게 물리학의 법칙들이 똑같이 성립한다는 다른 가정을 이용하면 특수상대성이론에서 여러 흥미로운 결과가 유도된다. 움직이는 물체의 길이는 운동 방향으로 더 짧아지고, 시간은 더 느리게 간다는 예측도 특수상대성이론의 결과다. 움직이는 물체의 질량은 가만히 정지한 물체의 질량과는 달라서 움직이면 질량이 더 커진다는 예측도 특수상대성이론으로 이해할 수 있다. 정지해 있을 때 질량이 m_0인 물체가 v의 속도로 움직이면 이 물체의 상대론적 질량은 $m=\frac{m_0}{\sqrt{1-v^2/c^2}}$이 된다. 이 식에 v가 c를 향해 늘어나는 상황을 대입하면 물체의 질량이 무한대가 된다는 놀라운 결과가 나온다. 우리가 힘을 계속 작용해서 물체의 속도를 점점 빠르게 하면 물체는 마치 아주 무거운 물체처럼 행동하고 따라서 아무리 큰 힘을 가해도 물체의 속도를 정확히 c에 도달하게 할 수는 없다는 결론도 얻는다.

특수상대성이론을 이용하면 움직이는 사람이 본 물체의 속도가 정지한 사람이 본 물체의 속도와 어떤 관계를 맺는지도 알아낼 수 있다. 달리는 기차에서 공을 던지면 기차 안에 탄 사람이 보는 공의 속도와 기차 밖에 가만히 서 있는 사람이 보는 공의 속도는 다르다. 내가 기차를 타고 가면서 땅에 가만히 앉은 포수에게 공을 던지면 나도 얼마든지 프로야구 투수의 속도로 공을 던질 수 있다. 빛이라면 어떨까? 빛의 속도로 등속으로 움직이는 탈것(그런 것이 있다고 일단 가정하자)의 맨 앞 운전석에 있는 사람이 앞을 향해서 불빛을 쏜다면 그 불빛은 땅에 정지한 사람에게는 탈것과 빛의 속도를 더해서 $2c$의 속도로 보일까?

기차에서 던진 공을 땅 위에서 보는 사람은 기차의 속도만큼 더해서 공의 속도를 본다. 그런데 희한하게도 광속의 탈것에서 쏜 빛의 속도는, 정지한 사람에게는 그냥 정지한 자기가 쏜 빛의 속도랑 완전히 똑같아서 그 탈것의 속도를 더하면 안 된다는 것이 특수상대성이론의 결과다. 즉 빛은 움직이는 사람이나 정지한 사람이나 항상 같은 속도 c로 보인다. 사실 기차에서 던진 물체가 공이냐 빛이냐가 중요한 것이 아니다. 두 속도(탈것과 공 또는 탈것과 빛의 속도)를 더할 때는 그냥 보통 하듯이 더해서는 안 되고 특수상대성이론이 말하는 특정한 방법으로 더하는 것이 맞다. 속도 v로 움직이는 사람이 본 물체의 속도가 u라면 정지한 사람이 본 물체의 속도 u'에 대한 특수상대성이론의 결과는 다음과 같다.

$$u' = \frac{v+u}{1+vu/c^2}$$

만약 v와 u가 빛의 속도 c에 비해서 아주 작다면 위의 식은 $vu/c^2 = (v/c)(u/c) \ll 1$이어서 $u' \approx v+u$가 된다. v의 속도로 움직이는 기차에서 기차가 움직이는 앞 방향으로 내가 야구공을 u의 속도로 던지면 기찻길 옆에 가만히 정지한 사람이 본 야구공의 속도 u'이 $u+v$가 된다는 일상의 경험과 같아진다. 만약 빛의 속도로 움직이는 기차에서 내가 빛의 속도로 야구공을 던지면 $v=u=c$가 되어서 다음처럼 적을 수 있다.

$$u' = \frac{v+u}{1+vu'/c^2} = \frac{c+c}{1+c^2/c^2} = \frac{2c}{2} = c$$

그렇다면 정지한 사람의 눈에 그 야구공은 기차를 탄 내가 보는 속도와 정확히 같은 c가 된다. 우리가 사는 익숙한 세상에서 보는 대부분의 물체는 빛의 속도보다 아주 느리게 움직인다. 이런 느린 세상에서는 두 속도를 그냥 더하면 된다. 특수상대성이론에 맞추어 위에서 소개한 올바른 식으로 계산해도 두 값에는 거의 차이가 없다. 하지만 빛의 속도라면 이야기가 다르다. c와 c를 더하면 $2c$가 아니라 c가 된다.

빛보다 빠른 입자가 있다는 소동

어떤 물체도 빛보다 빨리 움직일 수 없다는 특수상대성이론의 결과와 맞지 않는 실험 결과가 발표되어 물리학계를 떠들썩하게 한 적이 있었다. '중성미자'라 불리는 입자의 속도가 빛의 속도인 c보다 크다는 실험 결과가 발표되었던 것이다. 이후에 더 정교한 분석을 통해서 그렇지 않다고 판명되어 많은 물리학자가 가슴을 쓸어내렸다.

이 사건을 보면 어떻게 과학자들에 의해서 과학이 발전하는지 그 일면을 볼 수 있다. 백 년의 역사를 가지고 수많은 실험을 통해 검증된 아인슈타인의 특수상대성이론이라도 그 이론과 위배되는 실험 결과가 제시되면 의심을 받아야 한다. 물론 단 하나의 실험으로 애지중지 백 년을 지켜온 특수상대성이론을 헌신짝 버리듯이 버리는 물리학자는 없다. 하지만 더 주의 깊게 진행되는 다수의 후속 실험을 통해서도 계속해서 중성미자가 빛보다 빠르다는 결과가 확증된다면 물리학자들은 특수상대성이론을 포기해야 했을지도 모른다.

이처럼 모든 과학의 이론은 객관적으로 재현이 가능한 실험적인 검증에 항상 열려 있다. 그리고 현재 물리학자들이 가진 이론은 아직까지는 잘못된 것이 명확히 알려지지 않은 '잠정적'인 진리의 체계다. 당장 내년에라도 뒤집힐 수 있는. 솔직히 그럴 가능성은 거의 없어 보이지만.

빛은 정말 빠르다. 빛이 빠르기는 해도 광활한 우주를 건너가려면 긴 시간이 걸린다. 지금 보는 태양은 약 8분 전의 모습이고 화성 탐사선인 큐리오시티에게 지구에서 간밤에 별일 없는지 물어보고 그 답을 들으려면 30분이 걸린다. 영화 〈콘택트〉에서 베가의 외계인이 지구로 되돌려 보낸 텔레비전 전파는 50년 전의 히틀러의 연설 영상이었다. 베가가 지구에서 25광년 떨어져 있어서 전파가 그곳에 가는데 25년, 오는데 25년이 걸리기 때문이다.

마찬가지로 밤하늘에서 맨눈으로도 볼 수 있을 정도로 커 보이는 안드로메다 은하의 현재 모습은 무려 250만 년 전의 모습이다. 그 은하의 빛이 떠났을 때에 현생 인류는 지구에 없었다. 이보다도 더 먼 천체를 보면 우리는 더 오랜 과거를 보는 것이다. 과거를 보려면 멀리 볼 일이다. 아주 먼 천체를 관찰하는 천체 망원경은 일종의 타임머신이라고 할 수 있다. 복작복작 우리 세상사에서 역사를 알아야 하는 이유도 비슷할지 모르겠다. 과거를 잘 살펴야 우리가 더 멀리 볼 수 있는 것은 아닐까.

만약 빛의 속도가 내가 걷는 속도와 비슷하다면

만약 빛의 속도가 시속 5 km 정도로 내가 걷는 속도와 비슷하다면 우리가 보는 세상은 어떤 모습일까? 이 경우에도 광속은 우주의 모든 존재가 따라야 하는 엄격한 제한 속도여서 우리는 결코 이보다 더 빨리 움직일 수 없다. 시속 5 km를 향해 조금씩 조금씩 빨리 움직이려 할수록 내 몸의 질량은 무한대를 향해 가파르게 늘어나고 우리는 어떤 자동차나 기차로도 시속 5 km의 장벽을 넘을 수 없다.

우리 눈에 보이는 세상의 모습도 무척 달라진다. 빛의 속도가 점점 느려지는 세상이 우리 눈에 어떻게 보이는지를 시각적으로 구현한 컴퓨터 게임도 있다. (http://gamelab.mit.edu/games/a-slower-speed-of-light) 내가 움직이면서 앞을 보면 나와의 거리가 좁아지는 사람들의 얼굴빛은 파란 색을 띠고, 걸으면서 뒤돌아보면 길에 가만히 서서 나를 바라보는 사람들의 얼굴은 붉어 보인다. 기차역에서 다가오는 기차의 기적은 더 높은 음으로 들리고 멀어지는 기차의 기적은 더 낮은 음으로 들리는 것과 비슷한 특수상대성이론의 도플러 효과 때문이다. 또 내가 걸어가는 방향에서 나를 향해 정면으로 도달하는 광자(빛알)가 늘어나서 주변보다 더 밝아 보이게 된다. 마치 서치라이트를 정면에 비춘 것처럼 말이다.

특수상대성이론의 시간 지연 효과를 생각하면 출근한 부모님이 직장에서 8시간을 일하고 돌아와도 가만히 집에서 기다리는 아이에게는 이 시간이 훨씬 길어져 일주일이 될 수도 있다. 신선놀음에 도낏자루 썩는지 모른다는 우리말 속담이 정확히 성립하는 세상이 된다. 아, 물론 도낏자루는 그냥 이곳에 두고 빠르게 멀리 달려갔다가 돌아오는 것이 신선놀음일 때 얘기다.

항상 약속을 칼같이 지키는 친구와 아침 8시에 만나자고 약속하고 내가 약속 장소에 도착해서 본 시계가 8시 정각을 가리키는데 아직 친구는 보이지 않는다. 그런데 내 시계로 9시에 도착한 친구가 보여준 친구 시계는 8시를 가리킨다. 그러니까 빛의 속도가 느린 세상에서 언제 어디서 만나자고 약속을 정하려면 그곳을 향해 도대체 얼마의 속도로 가야 하는지도 함께 약속해야 한다.

빛의 속도가 빠른 세상, 아니 빛의 속도보다 우리가 무척 느리게 움직이는 지금 세상이 아무래도 우리에게는 무척 편리한 세상이다. 약속 시간을 정하기도 쉽고 매일 어딘가를 움직여도 우리 모두에게 시간의 흐름이 같은 지금 세상이 난 더 좋다.

2장

중력이 100배나 큰 세상에서 우리는

모든 물체의 자연스러운 위치

현대 물리학 이전, 서구에서 큰 영향력을 행사한 자연에 대한 관점은 아리스토텔레스의 물리학에서 왔다. 아리스토텔레스는 땅 위의 모든 만물은 흙, 물, 공기, 불의 네 가지 원소로 이루어져 있고 이 순서대로 우주의 중심으로 움직이려는 경향이 강하다고 설명했다. 공기 중에서 돌멩이가 아래로 떨어지는 이유는 돌멩이를 구성하는 흙 원소가 우주의 중심으로 움직이려는 경향이 공기보다 강하기 때문이다. 공기 중에서 불을 피우면 불꽃이 위로 오르는 것도 불보다 공기가 우주의 중심인 지구를 향해 움직이려는 경향이 강하기 때문이다.

흥미롭게도 아리스토텔레스 물리학에 따르면 지구가 평평하지 않고 둥근 모습이라는 결과가 도출된다. 지구는 흙 원소로 주로 구성되어 있을 텐데 흙 원소는 우주의 중심을 향해 움직이는 경향이 있고 따라서 흙 원소는 우주의 중심에서 둥근 공 모양으로 뭉치는 것이 자연스럽다. 우주의 중심에 지구가 둥근 공 모양으로 놓여 있다는 세계관은 아리스토텔레스 물리학의 자연스러운 귀결이었다. 물론 제대로 된 과학적인 설명은 아니다. 그럴듯하다고 과학은 아니다.

모든 물체에는 그 물체에 맞는 자연스러운 위치가 있어 우리가 방해만 하지 않는다면 자신의 위치를 향해 움직인다고 설명하는 것이 중세의 물리학이었다. 잘 익은 사과가 아래로 떨어지는 일은 당연했다. 잘 익은 사과의 자연스러운 위치는 공기 중이 아니라 땅 위니까. 또한 아리스토텔레스 물리학에서는 지상에서 움직이는 모든 물체는 결국 멈춘다고 설명한다. 왜 그럴까? 이제 아리스토텔레스 물리학의 기본을 이해한 여러분도 답을 맞출 수 있다. 당연히 답은 '움직이는 것보다 멈춰있는 것이 더 자연스러우니까'이다. 아리스토텔레스가 채점하면 10점 만점에 10점. (만약 뉴턴이 채점하면 0점.)

눈을 들어 하늘을 보자. 해와 달은 결코 멈추는 일 없이 세상을 중심으로 빙글빙글 영원히 도는 것처럼 보인다. 손으로 밀면 움직이지만 미는 행동을 그만두면 곧 움직임을 멈추고 마는 땅의 물체와는 다르다. 매일 크고 작은 고통에

시달리며 사는 땅의 사람들에게 저 위 하늘은 신(들)이 사는 완벽하게 아름다운, 영원한 세상인 것처럼 보였으리라. 도형 중 가장 완벽한 도형은 '원'이다. 원은 단 하나의 숫자(반지름)로 표현할 수 있을 뿐 아니라 이리 보아도 저리 보아도 항상 똑같은 원(임의의 각도만큼 회전해도 항상 같은 모양이니 회전 대칭성을 가진다)이니까.

아리스토텔레스 물리학에서는 우리가 사는 불완전한 세상에서 물체가 땅을 향해 떨어지는 것이 자연스러웠고 신들이 사는 천상에서는 물체가 우주의 중심인 지구와 항상 같은 거리를 유지하면서 빙글빙글 도는 원운동을 하는 것이 자연스러웠다. 심지어는 아리스토텔레스 이후 기독교의 영향으로 천상의 영원한 원운동은 천사가 천체를 끊임없이 밀기 때문이라는 주장도 나왔다. 아리스토텔레스 물리학은 지상과 천상의 운동을 이처럼 완전히 분리된 서로 다른 운동으로 설명했다. 계속 밀지 않으면 결국 움직임을 멈추는 지상의 운동은 완벽한 도형인 원을 따라 영원히 움직이는 천상의 운동과 질적으로 다르다.

움직이는 것은 영원히 움직인다

천 년도 넘게 대부분의 학자가 받아들인 아리스토텔레스 물리학에 첫 번째 커다란 균열을 만든 이가 바로 갈릴레오다. 갈릴레오는 거꾸로 방해만 하지 않는다면 움직이는 모든 물체는 영원히 움직인다는 주장을 한다. 논리적인 사고 실험을 통해서 결론을 얻었다는 점에서 갈릴레오를 최초의 이론물리학자라고도 할 수 있다. 갈릴레오는 어떻게 가만히 두면 움직이는 물체는 계속 움직인다는 파격적인 생각을 하게 된 걸까?

갈릴레오의 사고 실험을 설명해 보자. 상당히 매끄러운 표면 위에 물체를 놓으면 **그림 2**의 첫 번째 그림처럼 물체는 골짜기를 지나서 처음 물체를 놓은 높이와 거의 같은 높이에 도달한다는 사실에는 우리 모두가 동의한다. 다음에는 골짜기를 지나 오른쪽 부분의 올라오는 경사면을 점점 길게 늘이는 상황을 상상해 보자. **그림 2**의 두 번째 그림처럼 이 경우에도 매끄러운 표면이라면 물체는 거의 같은 위치까지 올라온다. 점점 더 골짜기의 오른쪽 부분을 길게 늘여서 결국 무한대의 길이가 되었다고 상상하면 물체는 경사면을 따라 오르기 전의 평평한 부분을 영원히 움직인다는 결론을 얻는다. 갈릴레오는 바로 이 사고 실험을 통해 운동

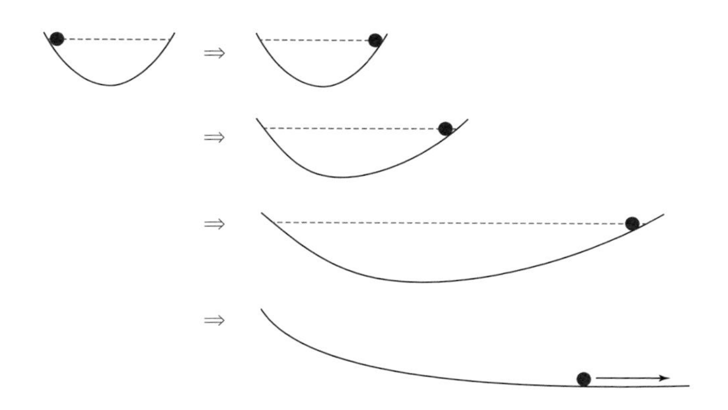

그림 2 갈릴레오의 사고 실험

하는 모든 물체는 외부의 영향이 없다면 영원히 운동을 계속한다는 '관성의 법칙'을 찾아냈다.

갈릴레오가 사고 실험을 통해 얻은 결과는 아리스토텔레스 물리학과 판이하게 다르다. 이 글을 읽는 독자도 한번 생각해 보면 갈릴레오가 얼마나 위대한 과학자인지 실감할 수 있다. 지상의 물체는 결국 모두 멈춘다는 것이 일상에서 우리가 하는 익숙한 경험인데 갈릴레오는 완전히 다른 이야기를 했다. 지상에서 물체가 운동을 멈추는 이유는 마찰력과 같은 다른 힘이 물체에 작용하기 때문이지, 만약 이러한 외부의 힘이 전혀 없다면 물체는 영원히 움직인다는 주장이다. 갈릴레오는 물체의 관성을 발견했다.

갈릴레오가 사고 실험을 통해 밝힌 다른 중요한 결과도 있다. 무거운 물체가 더 빨리 아래로 떨어진다는 아리스토텔레스 물리학의 결과를 부정한 사고 실험이다. 갈릴레오가 피사의 사탑에서 무겁고 가벼운 두 물체를 실제로 떨어뜨리는 실험을 했다는 이야기가 있지만 정말인지는 확실치 않다. 갈릴레오는 피사의 사탑 실험을 통해서가 아니라 사고 실험을 통해서 이 결과를 얻었다. 갈릴레오가 어떻게 무겁고 가벼운 두 물체의 낙하 속도가 같다는 결론을 얻었는지 설명해 보자.

아리스토텔레스 물리학에 따라 무거운 물체가 가벼운 물

체보다 더 빠르게 아래로 떨어진다고 먼저 가정하자. 그러고는 가벼운 물체 A와 무거운 물체 B를 줄로 연결해서 떨어뜨리는 상황을 생각해 보자. B가 A보다 무거워서 B가 아래로 떨어지는 속도가 더 크다. 그런데 A가 떨어지는 속도는 이보다 작아서 빨리 아래로 내려가려는 B의 움직임은 천천히 움직이는 A에 의해서 방해를 받는다. 결국 무거운 물체가 가벼운 물체보다 더 빠르게 떨어진다고 가정하면 우리는 줄로 연결한 두 물체의 낙하 속도는 A를 연결하지 않았을 때의 B의 속도보다 줄어든다는 사고 실험의 결과(1)을 얻는다.

같은 상황을 이제 다르게 살펴보자. 줄로 연결된 A와 B를 한 물체로 볼 수 있다. A와 B를 한 물체로 생각하면 한 몸이 된 전체의 무게는 당연히 B의 무게보다 크고 따라서 한 몸으로 연결된 물체는 연결하지 않았을 때에 비해 더 빠르게 아래로 떨어진다는 두 번째 사고 실험의 결과(2)를 얻는다. 결국 무거운 물체가 더 빠르게 떨어진다는 동일한 가정으로부터 출발하면 서로 모순인 사고 실험의 두 결과(1과 2)를 얻는다. 둘은 모순이므로 우리는 무거운 물체가 더 빨리 떨어진다는 처음 가정을 부정해야 한다. 결국 물체의 낙하 속도는 B 하나만을 떨어뜨릴 때와 B에 A를 연결해서 함께 떨어뜨리는 두 경우에 달라질 수 없고 따라서 물체의 낙하 속도는 물체의 무게와 무관하다.

갈릴레오가 사고 실험을 통해 얻은, 물체의 질량과 낙하 속도가 서로 무관하다는 결론을 직접 지상의 실험으로 확인하기는 쉽지 않다. 공기의 저항이 물체에 따라 다르게 작용하기 때문이다. 갈릴레오의 자유낙하 실험은 공기가 없는 곳에서 해야 그 타당성을 명확히 검증할 수 있다. 미국에서 달로 보낸 아폴로 우주선의 우주 비행사가 달 표면에서 망치와 깃털을 함께 떨어뜨려서 둘이 거의 동시에 달의 표면에 닿는다는 것을 보인 멋진 동영상이 남아 있다.

내가 이 동영상을 보면서 크게 감동한 첫 번째 이유는 물론 갈릴레오의 사고 실험 결과를 직접 확인했다는 것이었고 두 번째 이유는 이 실험을 직접 하기 위해서 아폴로 우주선의 우주 비행사가 지구에서 달로 깃털을 가져갔다는 것이다. 깃털을 달에서 떨어뜨려 본다고 우리 인류에게 어떤 실질적인 이익이 있을 리 없다. 과학에 대한 경외감을 마음속 깊이 느낄 수 있는 사람이라면 이 실험을 보면서 크게 감동하겠지만 말이다. 영국의 BBC 방송국에서 엄청난 규모의 공간을 거의 진공으로 만들고 갈릴레오의 낙하 실험을 한 동영상도 있다.

하늘에서와 같이 땅에서도

나무에서 땅으로 떨어지는 사과를 보고 뉴턴이 중력을 생각했다는 얘기를 들어 본 사람이 많다. 뉴턴의 사과에 얽힌 이 일화에서, 사실 뉴턴이 깨달은 것은 '사과가 땅으로 떨어지는 이유가 지구가 사과를 당기기 때문'인 것만은 아니었다. 떨어지는 사과를 보고 뉴턴의 머릿속에 번쩍 떠오른 아이디어는 '사과가 지구로 떨어지듯이 달도 지구를 향해 떨어지고 있는 것이 아닐까'였으리라.

아니, 달이 떨어진다고? 말도 안 되는 얘기 같지만 갈릴레오의 관성을 생각하면 정말 흥미로운 통찰이다. 지구가 달에 아무런 힘도 미치지 않는다면 달은 직선을 따라 똑바로 날아가야 한다는 것이 갈릴레오의 관성의 법칙이다. 결국 지구가 달을 잡아당기는 중력이 없다면 달은 지구에서 점점 더 멀어져야 한다. 따라서 일정한 반지름의 원운동을 하는 달은 지구 중심을 향해 영원히 계속 떨어지고 있다고 말할 수 있다.

뉴턴은 이 의문에 대한 답이 혹시 '그렇다'가 아닐까 생각하고 보편중력 법칙을 이용해 직접 계산을 했다. 그리고 지상에서 땅으로 떨어지는 물체의 움직임과 정확히 같은 방법으로 달의 움직임을 설명할 수 있다는 것을 보였다. 드디어 뉴턴에 의해 천상의 물체나 지상의 물체나 완전히 같은 방식으로 움직인다는 것이 증명된 것이다. 천체를 영원히 밀고 가는 천사는 이제 필요 없다. 아니, 이제 같은 천사가 천상의 물체뿐 아니라 지상의 모든 물체도 정확히 같은 방식으로 밀고 있어야 한다(사실 천상의 원 궤도를 만들려면 천사는 원의 둘레 방향이 아닌 중심을 향해서 천체를 밀어야 한다). 그 천사의 이름은 이제 '뉴턴의 보편중력'이다.

뉴턴의 사과와 달

뉴턴의 계산을 알려면 먼저 지구의 반지름 R과 지구에서 달까지의 거리 r의 값이 필요하다. 뉴턴이 살았던 당시에도 이 두 값은 이미 사람들이 잘 알고 있었다. 지구 반지름은 어떻게 알았을까? 지구의 반지름은 위도가 다른 지구상의 두 위치에서 하지 때의 태양의 남중고도의 차이를 이용해서 에라토스테네스가 계산한 바 있다.

지구상 두 위치 사이의 거리(l)를 사람이 직접 걸어서 재고, 하지 때 두 지점에서의 태양의 남중고도의 차이(θ)를 재면 $l=R\theta$로부터 지구의 반지름 R을 계산할 수 있다.

달까지의 거리는 어떻게 잴까? 월식이 일어나는 중에 달을 가린 지구의 그림자 모양을 유심히 관찰하면 달의 반지름이 지구 반지름의 약 1/4임을 알 수 있으니 달의 반지름 $R_m \approx R/4$을 지구 반지름을 이용해서 계산할 수 있다. 또 지구에서 본 달의 시직경(보름달의 맨 윗부분과 아랫부분 사이의 각도) α를 측정하면 달까지의 거리 r은 $2R_m \approx r\alpha$로부터 계산할 수 있다. 이런 방법을 통해서 뉴턴이 살았던 당시에도 사람들은 지구의 반지름과 지구에서 달까지의 거리를 잘 알고 있었다.

지구를 중심으로 원운동하는 달의 공전 주기 T와 지구와 달 사이의 거리 r을 이용하면 이로부터 $T=\frac{2\pi r}{v}$를 이용해 달의 공전 속도 v를 얻는다. 따라서 원운동의 구심가속도 $a=\frac{v^2}{r}=2.72\times10^{-3}\ \mathrm{m/s^2}$를 계산할 수 있다(구심가속도의 측정값).

지구 중심에서 사과까지의 거리로는 사과나무가 그리 클 리 없으므로 지구의 반지름 R을 이용할 수 있다. 뉴턴은 지구 표면에서의 중력가속도 g의 값을 이용하고 또 자신의 중력 법칙 $\left(F=\frac{GMm}{r^2}\right)$을 이용해서 $a=g\frac{R^2}{r^2}=2.70\times10^{-3}\ \mathrm{m/s^2}$의 값을 계산해 냈다. 위의 측정값과 놀라울 정도로 가까운 값을 얻은 것이다. $F=\frac{GMm}{r^2}$의 꼴로 적히는 뉴턴의 중력 법칙이 지상의 사과에나 천상의 달에나 보편적으로 적용됨을 보인 것이다.

약하지만 세다(?)

현대 물리학에 따르면 우주에는 모두 네 종류의 상호 작용이 있다. 전기와 자기 현상을 지배하는 전자기력, 지구와 달 같은 커다란 천체의 운동에서 모습을 드러내는 중력, 원자핵 안의 중성자와 양성자같이 아주 작은 거리에서 작용하는 강한 핵력, 그리고 원자핵의 붕괴에서 큰 역할을 하는 약한 핵력이다. 강한 핵력과 약한 핵력이 지배하는 작은 크기의 세상이 아니라면 우리가 눈으로 보는 커다란 세상에서 우리의 일상을 지배하는 것은 주로 중력과 전자기력이다. 중력과 전자기력은 중요한 차이가 있다. 중력은 물체 사이에서 서로 잡아당기는 방향의 힘으로만 작용하지만 전자기력에는 밀어내는 힘도, 잡아당기는 힘도 있다.

네 종류의 힘 중 가장 크기가 약한 것이 바로 중력이다. 매일같이 지구의 중력을 느끼면서 살아가는 우리 일상을 생각하면 중력이 아주 약한 힘이라는 말을 믿기 어려울 수 있다. 손으로 휴대전화를 든 모습을 떠올려 보자. 지구는 중력으로 휴대폰을 아래로 떨어지게 하는데 나는 팔 힘만으로 중력을 버티고 있다. 사람도 쉽게 엄청난 크기의 지구를 이길 수 있을 정도로 중력은 정말 작다. 지구가 당기는 힘은 매일 느끼지만 옆 사람의 중력을 느낄 수 있는 사람은 없다.

중력은 당기기만 할 뿐 밀어내지는 않는다. 전자기력은 중력보다 크지만 많은 전하가 들어 있는 커다란 물체의 경우에는 서로 미는 힘과 당기는 힘이 더해지고 빼져서 전체 전자기력의 크기는 그리 크지 않을 수 있다. 그러나 중력은 많은 물질이 모이고 모여 커다란 물체가 되면 더해지기만 해서 그 크기가 엄청나게 커질 수 있다. 지구 주위를 도는 달의 궤도에 전자기력은 거의 아무런 영향을 미치지 않는다. 우리는 중력만을 이용해서 달의 운동을 정확히 설명할 수 있다.

우주를 이루는 큰 물체들 사이에 작용하는 힘은 중력만 생각하면 된다. 티끌 모아 태산이 되듯 중력은 엄청나게 커질 수 있다. 중력은 약하지만 큰 힘이다.

지구의 질량을 재는 실험

뉴턴이 찾아낸 보편중력은 두 물체 사이의 거리의 제곱에 반비례하고 두 물체의 질량의 곱에 비례한다(식으로 적으면 $F \propto \frac{Mm}{r^2}$). 그리고 그 비례 상수가 바로 중력 상수 G다. 위에서 얘기한 것처럼 중력은 워낙 약해서 정확한 비례 상수 G의 값을 실험실에서 재는 것은 쉽지 않았다. 이 실험을 성공적으로 한 사람이 바로 영국 과학자 헨리 캐번디시였다.

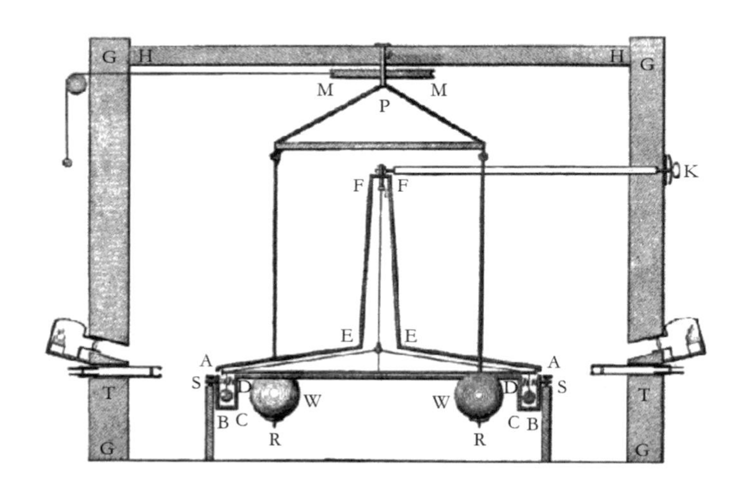

그림 3 캐번디시의 실험 장치

물체를 줄로 연결해 아래로 가만히 늘어뜨린 다음에 각도 θ만큼 줄을 돌려서 살짝 꼬면, 줄은 꼬임이 없는 평형 상태($\theta=0$)로 돌아가고자 하는 돌림힘을 물체에 작용한다. 커다란 금속 구 사이의 중력 덕분에 생긴 돌림힘과 꼬인 줄에 의해 생기는 돌림힘이 평형이 되는 각도를 측정한다면 금속 구 사이의 중력의 크기를 잴 수 있고 이를 이용해 중력 상수 G를 측정할 수 있다.

캐번디시의 실험 결과로 계산한 중력 상수의 값은 다음과 같다.

$$6.74 \times 10^{-11}\ \mathrm{m^3/kg\ s^2}$$

이는 현재 아는 값인 $6.67428 \times 10^{-11}\ \mathrm{m^3/kg\ s^2}$에 놀라울 정도로 가까운 값이다. 중력 상수의 값을 넣어서 두 양성자 사이의 중력과 전기력을 각각 구해보면 중력이 전기력의 약 10^{36}배 작아 엄청 약한 힘이라는 것도 확인할 수 있다.

지구의 질량 이야기를 해보자. 커다란 저울을 만들어서 지구를 올려놓을 수는 없으니 지구의 질량을 재려면 다른 방법을 써야 한다. 먼저 지구 표면 근처의 중력가속도 값이 필요하다. 갈릴레오는 경사면을 따라 굴러 내려오는 금속 구의 위치가 시간에 따라 어떻게 변하는지를 측정해서 중력가속도의 크기를 잰 바 있다. 또 길이가 주어진 진자를 중력장 안에서 진동하게 한 다음 진자의 주기를 측정해 중력가속도의 값을 알아낼 수 있다. 이런 몇 가지 방법으로 지구 표면 근처에서 지구의 중력가속도를 재면 그 값이 약 $9.8\ \mathrm{m/s^2}$이다. 지구 중심으로부터의 거리가 지구 반지름 R인 지표면에서 뉴턴의 보편중력 $F=G\frac{Mm}{R^2}$, 그리고 가속도가 중력가속도와 같은 물체의 운동 법칙 $F=ma=mg$를 비교하면 중력가속도는 $g=G\frac{M}{R^2}$이므로 이 식에 우리가 아는 지구의 반지름 $R=6400\ \mathrm{km}$와 $g=9.8\ \mathrm{m/s^2}$을 넣고 캐번디시 실험으로 알게 된 중력 상수 G의 값도 이용해서 계산하면 지구의 질량 M을 잴 수 있다. 캐번디시가 자신의 실험을 '지구의 질량을 재는 실험'이라고 불렀던 것도 정확히 바로 이 이유다.

먼 천체라면 그곳을 방문해서 표면의 중력가속도를 잴 수가 없으니 이때는 또 다른 방법을 써서 천체의 질량을 잰다. 질량을 알고 싶은 천체 주변을 중력의 영향으로 빙글빙글 도는 다른 천체를 찾아 원운동의 주기와 원운동의 반지름을 측정하면 된다. 바로 케플러의 제3법칙을 이용하는 것이다. 우리은하의 중심에서 태양까지의 거리와, 태양이 우리은하를 한 바퀴 도는 주기를 알면 은하 중심에서 태양까지의 물질들의 질량도 알 수 있다. 막상 재보니 우리가 관측할 수 있는 물질보다 안 보이는 물질이 훨씬 더 큰 질량을 갖는다는 것도 알 수 있었다. 그게 바로 '암흑 물질'이다. 이 모든 것이 가능한 이유는 바로 우리가 중력 상수 G의 값을 알기 때문이다.

중력, 계몽주의의 씨앗이 되다

보편중력 법칙은 수학이 과학의 언어로 자리 잡는 초석이 된다. 갈릴레오와 뉴턴 이전의 과학은 주로 정성적인 표현으로 이뤄져 있었다. 모든 것을 숫자로 표현하는 오늘날의 과학과는 완전히 다른 모습이었다. 수학의 힘은 놀라웠다. 뉴턴은 당시 과학계의 뜨거운 감자였던 타원궤도 증명 문제를 손쉽게 해결했다. 혜성의 주기는 물론 지구가 어느 방향으로 볼록할지도 예측했다. 모두 수학이라는 강력한 무기 덕분에 가능한 일이었다.

보편중력 법칙은 하늘은 완벽하고 땅은 불완전하다는 오래된 믿음을 깨뜨렸다. 우주의 태양이든 땅의 사과든 모든 물질은 물리 법칙 아래 평등하다는 사실이 밝혀졌다. 사람들은 더 이상 철학과 신학에 얽매이지 않고 과학의 눈으로 세상을 바라보기 시작했다. 계몽주의를 대표하는 볼테르도 그런 사람 중 하나였다. 정치적 사건으로 런던에 망명 중이던 그는 뉴턴의 새로운 과학을 접하고 푹 빠져 버린다. 귀국 후 볼테르는 뉴턴의 생각을 유럽 대륙에 퍼뜨리는 역할을 했다. 이에 사람들은 자신들이 사는 사회도 이성의 힘으로 새롭게 바꿔야 한다는 생각을 하기 시작했다. 계몽주의의 씨앗이 뿌려진 것이다. 더 나아가 사람들은 천상에도 없는 위아래의 구분이 이곳엔 왜 아직 존재하냐는 의문을 던졌다. 모든 사람은 평등하고 자유롭다는 생각이 밀물처럼 퍼져 나갔다. 만약 뉴턴이 보편중력을 발견하지 못했다면 지금 우리는 어떤 세상을 살고 있을까?

만약 중력 상수가 100배로 커진다면

중력 상수가 우리가 아는 값보다 크다면 세상은 어떤 모습일까? 아마도 우리가 지금 보는 별빛 찬란한 우주는 존재할 수 없을 것이 확실하다. 더 많은 물질이 더 빨리 뭉쳐서 더 무거운 항성이 되고, 항성 내부의 핵융합 반응은 급격히 진행되어 항성은 아주 짧은 생애를 마치게 된다. 우주는 지금쯤 블랙홀로 가득할 것이다. 빅뱅이 있었다고 해도 우주의 팽창은 중력의 영향으로 곧 멈춰 다시 수축했을 가능성도 크다.

지구 위의 우리가 사는 세상에서 갑자기 내일 중력 상수가 큰 값으로 변하면 지구 위의 삶도 급격히 변한다. 우리 몸의 뼈는 지구 중력에 의한 압력을 버티는 중요한 장치다. 힘을 단면적으로 나눈 것이 압력이다. 중력 상수가 커지면 우리 몸의 무게가 커지고 따라서 뼈에 가해지는 압력도 커진다. 다른 것은 변화 없이 중력 상수가 100배로 커지면 중력에 수직인 모든 생명체의 단면적이 100배로 함께 늘어나야(허리둘레가 10배로 늘어나야), 지금과 같은 모습으로 서 있을 수 있다. 결국 모든 생명체는 바닥에 넓게 펼쳐진 부침개 같은 모습으로만 존재할 수 있다. 생명체뿐 아니라 인간이 만든 모든 건물도, 높은 산도 곧 무너져 내린다.

중력 상수가 100배가 되면 지구의 중력에서 벗어나기 위한 탈출 속도는 10배가 된다. 화학적인 에너지를 주로 이용하는 로켓을 지구 밖으로 발사하기도 어려워진다. 인간이 만든 비행기도 지금 모습대로면 공중을 날기 어렵다. 더 커진 추진력과 더 넓은 날개를 가진 모습이어야 날 수 있다. 지구의 대기 조성도 바뀐다. 현재 지구의 대기에 수소와 헬륨 같은 원소가 극히 드물게 존재하는 이유는 가벼운 원소의 열운동으로 인한 속력이 무척 커서 지구의 중력이 가벼운 원소를 대기 안에 머금고 있기 어렵기 때문이다. 중력 상수가 훨씬 큰 세상이라면 '중력 상수가 크면 어떤 일이 벌어질까?'를 고민하는 우리도 이곳에 없다.

3장

길고 짧은 걸 대본다는 건 사실 놀라운 일이다

무엇을 표준으로 삼아야 하는가

내가 가진 자로 잰 길이 1 m가 당신의 자로 잰 1 m와 다르다면 우리는 길이를 비교할 수 없다. 과학에 등장하는 여러 단위를 정의하려면 누가 봐도 같은 척도를 기준으로 해야 한다. 길이 단위 1 m를 지구의 둘레를 이용해 정의하면 이런 문제를 해결할 수 있을 것으로 보인다. 하지만 말처럼 쉽지 않은 일이다. 지구는 정확히 둥근 모양이 아니고 약간 찌그러진 타원체에 가깝다. 그렇기에 지구의 둘레를 어디서, 어느 방향으로 재는지에 따라 1 m가 달라진다. 설령 기준을 정한다고 해도 지구의 둘레는 시간이 흐르면 조금씩 변할 수 있다.

이런 이유로 표준 단위를 정의할 때는 누가 어디서 봐도 같은 물리학의 보편적인 상수를 이용하는 것이 바람직하다.

우주 어디에서나 진공에서 빛은 동일한 속도로 진행하니 우주적 규모의 보편성을 가진 광속을 기준으로 단위를 지정하는 방식이다. 이처럼 물리학의 보편 상수는 우리가 이용하는 표준 단위와 밀접한 관련이 있다.

길고 짧은 건 '단위'로 재봐야

길고 짧은 것은 대봐야 안다. 그래도 서울의 롯데월드타워와 평양의 류경호텔의 높이를 비교하려고 애써 건축한 롯데월드타워를 평양으로 뜯어 옮겨 대볼 필요는 없다. 이럴 때 필요한 것이 바로 표준적인 잣대다. 함께 사용할 막대 하나를 정해 이를 가지고 서울에서 건물 높이가 막대의 몇 배가 되는지를 재고, 같은 막대를 평양으로 가져가 재면 두 건물의 높이를 비교할 수 있다.

물리학에서는 이런 역할을 하는 잣대를 표준 단위라 부른다. 길이의 표준 단위인 미터$_{m}$뿐 아니라 시간과 질량에도 표준 단위인 초$_{s}$와 킬로그램$_{kg}$이 각각 정의되어 있고, 전류의 세기를 위한 암페어$_{A}$, 절대 온도를 재는 켈빈$_{K}$, 그리고 물질의 양을 위한 몰$_{mol}$, 빛의 세기를 재는 칸델라$_{cd}$ 등 모두 7개의 기본적인 국제 표준 단위계$_{SI}$가 있다. 3장에서 이야기할 것은 이중 우리에게 가장 익숙한 길이, 시간, 그리고 질량의 표준 단위다.

17세기 초 갈릴레오는 단순하게 진동하는 진자를 자세히 연구해 진자의 등시성을 발견했다. 진자의 길이가 같다면 진자가 좌우로 왔다갔다 하는 진동의 주기는 움직이는 진폭을 달리해도 똑같다. 모든 물리학 교과서에 소개되어 당연하게 들리겠지만 생각해 보면 정말 신기하다. 진폭을 조금 크게 하면 진자가 더 빨리 움직이고 진폭을 줄이면 또 그에 맞춰 속도를 줄여 항상 주기가 똑같게 유지된다는 얘기다. 17세기 중반 네덜란드의 과학자 크리스티안 하위헌스는 바로 이 진자의 등시성을 이용해 진폭이 변하더라도 정확한 시간을 가리키는, 태엽을 감아 움직이는 진자 시계를 만들었다.

진자의 등시성을 이용한 다른 제안도 나왔다. 주기가 2초인 진자의 길이를 1 m로 정의하자는 제안이다. 시간 1초가 얼마나 긴 시간인지를 미리 약속했다면 그 약속과 진자의 등시성을 이용해서 길이 1 m를 정의하자는 말이다. 그럴듯하지만 문제가 있다. 진자의 주기는 진자가 있는 위치의 중력가속도 값에 따라 달라지기 때문에 이렇게 정의하면 1 m의 길이도 지역에 따라 제각각이 된다. 예를 들어 서울의 중력가속도의 값은 9.80 m/s^2이지만 북극에서는 그 값이 9.83 m/s^2으로 약간 크니 진자의 등시성을 이용하면 북극의

1 m가 서울의 1 m보다 3 mm정도 길다.

진자의 등시성을 이용한 1 m의 정의

1. 실을 잘라 막대기 한쪽 끝부분에 묶고 실의 다른 쪽 끝에는 지우개를 매달아 1 m 길이의 진자를 준비하자. 막대를 적당히 높은 가구 위에 올려놓고 지우개를 묶은 실은 밖으로 늘어뜨린다. 막대가 움직이지 않게 붙잡고 있어 달라고 친구에게 부탁한다.

2. 지우개를 움직여 10번 왕복할 때 걸린 시간을 잰 다음 그 값을 10으로 나누어 진자가 한 번 왔다갔다하는 주기를 측정하자. 지우개가 움직인 진폭을 변화시켜 몇 번 더 주기를 측정해 보자.

3. 진자가 한 번 왕복하는 데 걸리는 시간인 진자의 주기 T는 진자의 진폭이 너무 크지 않다면 진폭과는 무관하게 $T=2\pi\sqrt{\frac{l}{g}}$로 적힌다. 중력가속도 $g=9.8\ \mathrm{m/s^2}$과 진자의 길이 l을 식에 넣어 계산하면 약 2초가 된다. 위에서 측정한 주기와 비교하자.

위의 실험을 통해서, 진자의 길이를 바꿔 가며 주기를 측정해서 진자의 주기가 2초가 될 때의 길이를 1 m로 약속할 수 있다. 17세기에 실제로 제안된 방법이다.

프랑스 혁명, 보편적 인권과 보편적 표준 단위

1789년의 프랑스 혁명 발발 직후, 자유와 평등과 같은 인간의 천부적인 권리는 장소와 시간을 초월해 누구에게나 보편적임을 당당히 선포한 프랑스 인권 선언이 발표되었다. 몇 년 후인 1791년 프랑스과학한림원의 회원들이 주축이 된 위원회가 구성되어 길이, 시간, 질량의 표준을 정하는 중요한 임무를 부여받는다. 인권의 '보편성'을 추구한 프랑스 혁명 정부가 어디에서나 통용되는 '보편적'인 표준 단위를 정하고자 한 것은 당시의 시대적인 요구였으리라.

당시 많은 유럽 나라는 피트feet를 단위로 사용했는데 이는 사람의 발foot의 길이가 기원이다. 유럽에서는 나라마다, 또 심지어는 도시마다 1피트가 얼마인지가 제각각이어서 어디서나 통하는 길이의 단위가 존재하지 않았다.

가장 보편적인 길이의 단위를 고민한 위원회는 우리 인류가 오순도순 살아가는 이 지구의 크기를 이용하자는 아이디어를 떠올렸다. 즉 적도 위의 한 지점을 정해 그곳으로부터 북극점까지 거리를 재고 그 값의 1/1000만을 택해서 이를 길이의 단위인 1 m로 삼자는 제안이다. 이렇게 재면 나라마다 다른 중력가속도 값에 의존하지도 않고, 또 시간의 단위와도 독립적이니 진자를 이용한 표준 길이의 제안보다 더 보편적인 것은 맞다. 하지만 다른 문제가 있다. 지구가 산도 없고 강도 없는 미끈한 완벽한 타원체가 아니니 정밀한 거리를 측정하기도 어렵고 게다가 1 m가 궁금할 때마다 지구 둘레의 1/4에 해당하는 엄청난 거리를 경도를 따라 터벅터벅 여행하며 거리를 재는 것은 결코 쉬운 일이 아니다.

적도에서 북극까지의 거리를 이용해서 1 m 약속하기

지구의 반지름은 약 $R=6400$ km이다. 적도의 한 점에서 시작해서 북극을 지나 지구 표면을 한 바퀴 도는 원을 생각하면 그 길이는 $2\pi R$이다. 따라서 적도에서 북극까지의 거리는 그 길이의 1/4이니 $\pi R/2$이고 이 값을 1000만(10 000 000)으로 나누면 1 m와 거의 같은 값을 얻는다. 독자도 한번 계산기를 눌러보시길. 18세기 말 프랑스에서 제안된 방법이다.

1799년 위원회에서 다른 제안이 나왔다. 먼저 지구 둘레를 재서 1 m의 길이를 찾은 다음에 여러 나라가 모여 정확히 1 m에 해당하는 길이는 이만큼이라고 함께 약속하자.

그림 4 백금-이리듐 합금으로 만든 표준 미터 원기
1960년을 끝으로 이제 표준 원기로서의 역할은 끝났다.

그리고는 정확히 그 길이를 갖는 금속 막대를 하나 만들어 프랑스에 잘 보관하자는 제안이다. 각 나라는 프랑스에 와서 그곳에 보관된 1 m 금속 막대와 정확히 같은 길이를 갖는 금속 막대를 하나씩 만들고 각기 자기 나라로 가져가서 길이의 표준으로 사용하자는 얘기다. 1 m를 그때그때 측정하지 말고 1 m의 길이는 딱 이만큼이라고 정한 금속 막대에 근거하여 이 길이를 국제적인 표준으로 삼는 실용적이고 편리한 방법이다.

이 제안이 받아들여져서 1960년까지도 합의한 금속 막대를 1 m의 국제적인 표준으로 사용해 왔다. 이 방법을 쓰면 측정 오차는 약 1/100만이 되어 상당히 정확하다고 한다. 금속 막대가 줄거나 늘어나는 일이 없도록 조심해서 만들고 잘 보관하는 것이 중요한데 프랑스에서 가지고 있는 표준 미터 원기 금속 막대는 백금과 이리듐의 합금을 이용하여 'X'자 모양으로 만들어져 있다.

우리나라에도 프랑스에서 가져온, 고유번호가 매겨진 표준 미터 원기가 한국표준연구원에 보관돼 있다. 1799년 당시 국제 표준 단위를 함께 모여 정하자는 프랑스의 제안에 모든 나라가 함께 한 것은 아니었다. 대표적인 나라가 미국인데, 미국은 지금까지도 미터법을 표준 단위로 사용하지 않고 있다. 우리나라는 1964년 1월 1일을 기해서 국제 표준 단위인 미터법을 공식적으로 실시했다.

양자역학, 특수상대성이론, 그리고 1m

1960년에 또 한 번 길이의 표준이 변하게 되었다. 사실 표준 원기를 이용한 1 m의 정의는 그전의 다른 정의보다 편하기는 하지만 불편한 면도 있다. 온도와 기압 등이 정확히 유지되지 않으면 물체의 길이가 변한다. 또 1 m가 얼마인지 알기 위해 프랑스까지 와서 표준 막대와 비교해야 한다는 점도 불편하다. 더 중요한 문제는 지구를 넘어 우주적인 규모를 생각하면 보편적인 길이의 표준일 수 없다는 사실이다. 한번 외계의 지적 생명체와 우리 지구인이 드디어 서로 통신을 하게 되었다고 상상해 보자. 외계인이 프랑스에 와서 (지구와 가장 가까운 별도 4광년 이상 떨어져 있어 현재 우리가 가지고 있는 우주선의 기술로는 오늘 떠나도 적어도 수십만 년 뒤에야 도착할 수 있는 거리다) 직접 표준 미터 원기를 보지 않고는 지구의 1 m가 얼마나 긴지 알 수 없다. 그럼 어떻게 하면 될까 고민하던 물리학자들은 아주 좋은 제안을 한다. 20세기 전반기에 만들어진, 현대 물리학을 떠받치는 가장 중요한 기둥인 양자역학의 결과를 이용하자는 것이다.

양자역학에 의하면 원자에 묶여 있는 전자가 에너지 준위가 높은 상태에서 낮은 상태로 옮겨갈 때 두 준위의 에너지 차이에 해당하는 빛이 나온다. 이를 이용해 물리학자들은 크립톤 동위원소 원자 두 준위($2p^{10}$, $5d^{3}$)의 에너지 차이로 방출되는 전자기파의 파장을 재서 그 파장의 1 650 763.73배를 1 m로 정의했다. 양자역학에 바탕한 이 방법을 쓰면 1 m의 오차를 무려 1/1억으로 줄일 수 있다. 또 이 방법은 우리가 상상한 외계인 친구에게 말만으로도 1 m가 얼마나 긴지를 설명할 수 있다는 보편성이 있다. 물론 양자역학을 아는 외계인만 이해하겠지만.

한동안 물리학자들은 1960년의 표준 1 m의 정의에 불만이 없었는데 또 다른 문제가 생겼다. 실험 방법이 발전할수록 빛의 속도를 점점 더 정확히 측정할 수 있게 되었고, 이 때문에 빛의 속도 c가 들어 있는 다른 물리 상수도 함께 값이 변한 것이다. 이 불편을 없애기 위해 1983년 빛의 속도 c를 정확히 299 792 458 m/s로 고정했다. 빛의 속도가 고정되었으니 1983년부터는 길이 1 m는 빛이 1/299 792 458 s 동안 진행한 거리로 정의가 바뀌었다.

이는 빛은 모든 관성좌표계에서 정확히 같은 속도를 갖는다는 특수상대성이론에 기반한 정의다. 아니 잠깐, 그럼 다시 외계의 지적 생명체에게 1 m가 얼마나 긴 것인지 설명하기가 어려워졌다. 외계인이 우리와 통신할 수 있을 정도로 똑똑하다면 특수상대성이론과 빛의 속도가 일정하다는 것은 알겠지만 지구의 1 s를 모르면 이제 1 m도 알 수 없다. 1 s는 또 어떻게 그 외계인 친구에게 설명해 줘야 할까.

우주 어디서나 통하는 시간의 표준 단위

6000년 전 고대 바빌로니아 사람들은 현재 널리 쓰는 10진법이 아닌 60진법을 썼다. 60을 기준으로 하는 방법은 편리한 점이 많다. 60은 그 약수로 1, 2, 3, 4, 5, 6, 10, 12, 15, 20, 30, 60을 가져서 60진법으로 표시한 숫자를 2부터 6까지의 자연수로 나누면 나눗셈하기가 쉬워진다. 어떤 것을 같은 양으로 동등하게 나눠 배분하거나 각자의 농산물에 세금을 매기는 것 같은 계산이 편리해 진다.

예를 들어 같은 크기로 60개 조각으로 나뉘어 눈금을 표시한 피자가 있다면 2명, 3명, 4명, 5명, 6명, 10명, 12명, 15명, 20명, 30명, 60명이 피자를 사이좋게 나눠 먹을 수 있다. 10조각으로 나눠 눈금을 표시하면 세 명이나 네 명에게 공평하게 피자를 나눠주기 어렵고 8조각으로 하면 넷이 나눠 먹

긴 쉬워도 여전히 셋이 나눠 먹기는 어렵다. 피자를 60개의 조각으로 나눈 눈금을 긋기 어렵다면 그다음으로 나은 선택은 12다. 5로는 나누어 떨어지지 않지만 1, 2, 3, 4, 6, 12를 약수로 가지기 때문이다. 12조각 눈금이 있다면 2명, 3명, 4명이 편리하게 피자를 나눠 먹을 수 있다. 만약 7명도 가능하게 하려면 그다음 숫자는 420이어서 너무 큰 수가 된다.

바빌로니아 사람들은 이런 이유로 60진법과 12진법을 함께 썼고 지금도 여러 흔적이 남아 있다. '갑을경정……' 10자와 '자축인묘……' 12자의 최소 공배수인 60의 주기가 다시 돌아오는 것을 축하하는 환갑잔치를 여는 우리도 여전히 60진법의 영향을 받고 있는 셈이다. 영어의 도즌dozen, 우리가 '다스'라 부르는 단위가 바로 12개 묶음이고 지금도 여러 나라에서 널리 쓰이는 길이 단위인 1피트는 12인치고 무게 단위인 1파운드는 12온스다. 또 영어로 숫자를 셀 때 11과 12는 일레븐eleven과 트웰브twelve로 뒤에 이어지는 13, 14, 15의 서틴thirteen, 포틴fourteen, 피프틴fifteen과는 다른 방식의 독립된 단어로 표현되는 것도 오래전 12진법의 흔적이다.

바빌로니아 사람들은 1년의 길이가 약 360일이라는 것도 알았다. 1년이 며칠이나 되는지는 그리 어렵지 않게 알 수 있다. 유심히 살펴보면 매일 아침 해가 뜨는 방향이 조금씩 변하는데 360일 정도가 지나면 다시 같은 위치에서 해가 뜬다는 사실을 쉽게 확인할 수 있기 때문이다. 360은 또 60뿐 아니라 12의 배수라는 점도 흥미롭다. 360을 12로 나누면 30일인데 30일은 달의 모습이 보름달에서 다시 보름달로 되풀이되는 주기와 거의 같다. 우리가 한 달을 '한 달'로 부르는 것도 달의 모습이 한 번 순환하는 시간이 (거의) 한 달이기 때문이다. 하루를 밤과 낮으로 둘로 나누고 각각을 또 12시간으로 나누는 것도 12진법과 60진법의 흔적이다. 60진법의 흔적은 우리가 1시간을 60분으로, 1분을 60초로 나누어 사용하는 것에도 남아 있다. 원을 따라 한 바퀴 도는 각도를 360도라고 부르는 것도 바빌로니아의 유산이다. 각도 1도를 60등분 한 것은 시간과 마찬가지로 '분'이라고 부르고 각도인 1분을 60등분한 것은 '초'라고 부르듯이 수천 년 전 60진법의 흔적은 아직도 우리 일상 곳곳에 남아 있다.

하루를 기준으로 1 s를 어떻게 약속할지는 쉽게 생각해낼 수 있다. 하루는 24시간, 1시간은 60분, 1분은 60초니 하루의 길이를 24 × 60 × 60 = 86 400으로 나눈 시간을 1 s로 하면 된다. 1956년에 국제 표준 시간은 이렇게 정해졌다. 즉 평균 태양년(지구가 태양 주위를 한 번 공전해서 같은 위치로 돌아오는 데 걸리는 평균 시간)으로 1년은 365.24212일이라는 점을 이용해서 1년의 시간을 365.24212 × 86400으로 나눈 시간을 1 s로 정의한 것이다. 그런데 이렇게 정의한 1 s

를 우리 친구 외계인이 알 수 있을까. 외계인이 사는 외계 행성의 자전과 공전 주기가 우리 지구와 같을 리가 만무하니 당연히 보편적인 시간의 표준이 될 수 없다.

1 s를 약속하는 보편적인 방법은 또 다시 양자역학에 바탕하여 1967년에 제안되었다. 세슘 원자에서 양자역학적인 현상으로 방출되는 전자기파의 진동수를 이용한 것인데 이 방법을 쓰면 1/100억 정도의 오차로 1 s를 아주 정확히 정의할 수 있다. 이렇게 약속하면 양자역학을 아는 외계인이라면 1 s가 얼마인지 지구에 오지 않고도 알 수 있다.

이제 시간의 표준 단위인 1 s가 보편적이 되었으니 앞에서 얘기한 길이의 표준 단위인 1 m도 함께 우주적 규모의 보편성을 가지게 되었다. 세슘 원자에서 방출되는 전자기파를 가지고 1 s를 약속하고 빛의 속도를 299 792 458 m/s로 고정하면 이제 1 m는 빛이 진공 중에서 1/299 792 458 s의 시간 동안 진행하는 거리가 된다. 지구에 발을 붙이고 사는 우리나 먼 외계 행성의 외계인이나 서로 직접 만나지 않아도 이제 길이와 시간은 비교할 수 있게 된 것이다.

프랑스에 가야 잴 수 있었던 질량

다음은 질량의 단위인 kg에 대해 이야기해 보자. 프랑스 혁명 직후 질량의 단위로 g의 표준화도 마찬가지로 추진되었다. 지구상 어디서나 흔히 볼 수 있는 부피 1 cm^3의 액체 상태의 질량을 1 g으로 약속한 것이다. 그런데 물의 밀도는 온도와 압력, 그리고 물의 조성에 따라 또 달라지니, 이렇게 정의한 질량은 여전히 보편성의 문제가 있다. 1799년 프랑스에서는 1 m 길이의 표준 미터 원기를 만들어 약속한 것과 마찬가지로 백금－이리듐의 합금으로 1 kg(＝1000 g)의 표준 킬로그램 원기도 함께 제작되었다(고유번호가 매겨진 질량 표준 원기가 우리나라에도 보관되어 있다).

이렇게 200년도 더 전에 만들어진 1 kg의 국제 표준 질량이 21세기 초엽까지도 여전히 사용되고 있었다. 많은 물리학자는 표준 원기를 이용한 1 kg의 정의에 큰 불만을 가졌다. 1 kg이라는 질량의 표준이 우주적인 보편성과는 한참 멀어서 상상의 외계인 친구가 도대체 1 kg이 얼마나 큰지 정확히 알려면 프랑스를 방문하는 것 말고는 다른 방법이 없었기 때문이다. 물리학자들이 원하는 질량의 표준은 보편적인 물리 법칙에 기반하고 있어 지구를 힘들게 방문하지 않더라도 말로(혹은 전파를 이용한 통신으로) 설명할 수 있는 것이다.

2011년 과학자들은 1 kg을 보편적인 물리 상수를 이용해 정의하자고 약속한 바 있다. 마치 1983년에 빛의 속도를 고정해 1 m를 정의한 것처럼 플랑크 상수 h의 값을 고정해서 1 kg을 정하자는 것이었다. 아인슈타인의 특수상대성이론의 유명한 식 $E=mc^2$과 양자역학에서 진동수가 ν인 빛알의 에너지 $E=h\nu$를 나란히 적어 비교하면 질량 m과 플랑크 상수 h가 서로 밀접한 관계를 맺는다는 점을 알 수 있다. 즉 h를 이용해서 질량의 표준 단위 1 kg을 정할 수 있다.

오랜 논의를 거친 합의가 이뤄져서 드디어 2019년 플랑크 상수의 값을 정확히 $h=6.626\ 070\ 15\times10^{-34}\ \mathrm{kg\cdot m^2/s}$로 고정한 1 kg의 정의가 발효되었다.*

이제 우리 상상의 외계인 친구가 프랑스에 오지 않아도 된다. 지구인인 우리가 1 kg이 얼마나 되는지를 물리학을 이용해 설명할 수 있게 된 셈이다. 통신을 통해 서로의 몸무게와 키가 어떻게 되는지 kg과 m의 단위로 설명할 수 있을 것이다. 우리와 통신할 정도라면 당연히 외계인도 양자역학

---

* 1 s를 세슘 원자의 복사선의 진동수를 이용해 정의하고 광속을 상수로 고정하면 1 m의 길이가 정해진다. 1 s와 1 m를 이렇게 정하면 플랑크 상수의 단위가 $\mathrm{kg\cdot m^2/s}$이므로 플랑크 상수를 딱 하나의 값으로 고정하면 1 kg이 딱 하나의 값으로 정해진다.

과 상대성이론을 포함한 물리학의 이론을 알고 있을 것이 분명하다. 그리고 외계인이 아는 물리학은 우리가 아는 물리학과 같을 것이 분명하다. 물리학은 우주 어디서나 통하는 우주의 보편적인 언어다.

만약 1m가 2m가 된다면

현재의 1 m 길이가 2 m가 된 세상은 어떤 모습일까? 답은 간단하다. 아무것도 바뀌지 않는다. 현재의 1 m가 어느 정도의 길이인지를 땅에 표시해 보자. 내일부터 땅에 표시한 바로 이 길이를 1 m가 아니라 2 m로 부른다고 상상해 보자. 물론 이렇게 바뀌면 빛의 속도가 초속 약 30만 km에서 60만 km로 변하겠지만 자연이 정한 빛의 속도는 우리가 재든 말든 여전히 일정하다. 물리학의 자연 법칙이 변할 것은 아무것도 없다. 지금의 1 m를 2 m로 부르든 0.5 m로 부르든 이렇게 바뀐 길이의 단위를 기준으로 모든 것을 이에 맞춰 숫자를 바꿔 적으면 될 뿐이다. 물론 모든 사람이 새로 바뀐 1 m에 동의해야 하는 것은 당연하다.

내일부터 1 m가 의미하는 실제의 길이가 달라졌는데 지구상 어딘가에는 그 소식이 1년이 지나서야 전해진다면 큰 문제가 생긴다. 중요한 것은 얼마나 긴 길이를 우리가 1 m로 부르기로 약속했는지가 아니라 이 약속을 모든 이가 따르느냐다. 만약 서울의 1 m가 충청도의 1 m보다 짧다면 쉽게 돈을 벌 수 있는 길이 있다. 폭이 일정하게 두루마리 모양으로 둘둘 말린 옷감을 충청도에서 10 m 끊어 열 냥에 구매해 서울로 가지고 오면 서울에서의 옷감 길이는 10 m보다 더 길게 측정된다. 10 m를 사 가지고 열 냥 받고 팔아도 옷감이 남아 이를 추가로 팔아 돈을 더 벌 수 있다.

과거 중앙 권력이 발달한 나라에서는 새로 왕조가 출범할 때 도량형을 정비해서 통일하고는 했다. 길이(도)와 부피(량)와 무게(형)의 기준을 하나로 정한 것이 바로 도량형의 통일이다. 과거 한 나라의 통치 집단이 사람들에게서 걷는 세금을 정하려면 도량형이 통일되어야 했다. 예를 들어 나라에서 인두세로 한 사람당 쌀 10되의 세금을 걷기로 정했다면 나라 안 어디서도 1되의 부피가 같아야 억울한 사람이 생기지 않는다. 나라에서 이렇게 1되의 부피를 딱 정해도 세금을 직접 징수하는 이가 국가가 공인한 1되보다 더 큰 부피를 1되로 해서 세금을 걷으면 사람들은 내야 하는 세금보다 더 많은 세금을 내게 된다.

조선 시대 암행어사는 역참에서 몇 필의 말을 빌려서 쓸 수 있는지 표시된 마패와 함께 유척이라고 불리는 놋쇠로 만든 금속 잣대를 가지고 다녔다. 불시에 방문한 지역에서 관청이 세금 징수에 사용하는 척도를 유척과 비교했다. 세금 비리를 저지르는 지방 수령이라면 마패가 아니라 유척이 훨씬 더 두려웠으리라. 춘궁기 때 작은 됫박으로 곡식을 빌려주고 가을에 추수한 곡식을 이자와 함께 다시 돌려받을 때에는 큰 됫박으로 받으면(마치 되로 주고 말로 받듯이) 땅 짚고 헤엄치기로 백성을 속여 큰 이익을 남길 수도 있었다. 얼마나 큰 부피를 1되로 정하는지보다 더 중요한 것은 한 나라의 모든 이가 이렇게 정한 1되의 부피를 준수하는 것이었다. 도량형의 통일이 그토록 중요했던 이유가 바로 여기에 있다. 1 m를 2 m로 바꾼다고 세상의 모습이 달라질 것은 없지만 모두가 새로 바뀐 길이의 표준에 동의해야 세상이 제대로 돌아간다.

4장

물은 언제 끓고 피는 언제 뜨거운가

온도만으로는 온도를 알 수 없다

사람의 정상 체온은 36.5도다. 아이가 감기에 걸려 열이 나면 체온이 38도를 오르내린다. 체온계로 정확한 온도를 재지 않고도 엄마는 손바닥으로 아이의 이마를 짚어 아이가 감기에 걸렸는지를 용케 알아낸다. 엄마의 손은 아이의 체온을 재는 온도계의 역할을 한 것이다. 마찬가지다. 한 물체의 온도를 재려면 우리가 온도를 아는 다른 물체 혹은 물리 현상과 비교해야 한다. 누구나 물은 100도의 온도에서 끓는다고 생각하지만 이는 사실이 아니다. 우리가 사는 1기압에서만 100도에서 물이 끓지 압력이 낮으면 더 낮은 온도에서, 압력이 높으면 더 높은 온도에서 물이 끓는다.

물은 도대체 언제 끓는 것인가에 대해 답하려면 이처럼 온도와 압력을 함께 얘기해야 한다.

버터, 피, 지하실의 온도

숭늉은 따뜻하게, 식혜는 차갑게 마셔야 제맛이다. 입을 대보면 뜨거움이나 차가움을 생생하게 느낄 수 있다. 이처럼 분명한 차이라도 '온도'라 불리는 정량적인 숫자의 형태로 표현하는 것은 사실 쉬운 일이 아니다(과학철학자 장하석 교수의 《온도계의 철학》이라는 책에는 온도를 표준화하기 위한 수많은 과학자의 고군분투가 자세히 설명되어 있다). '1 m의 길이는 이만큼이다'라는 표준적인 약속이 있어야 서로 다른 길이를 비교할 수 있듯이 온도도 마찬가지로 어떤 약속이 필요했다.

돌이켜 보면 흥미로운 제안이 많았다. 버터의 녹는점, 여름철 가장 더운 날의 기온, 혹은 프랑스 파리 관측소 지하실의 온도 등이 제안됐다. 심지어는 손을 넣고 견딜 수 있는 가장 뜨거운 물의 온도를 기준으로 사용하자는 엽기적인 제안도 있었다. 모든 물리학자의 존경을 한몸에 받는 뉴턴조차도 사람의 피의 온도라는, 지금 보면 시시각각 변해 신뢰할 수 없는 기준점을 제안하기도 했다. 누구나 체온은 하루에도 조금씩 변하고 여성의 경우는 생리 주기에 따라 체온이 규칙적으로 변한다. 그러니 사람 피의 온도를 기준으로 하는 것은 마치 매일 길이가 변하는 막대를 가지고 1 m의 길이를 정하는 것처럼 좋은 방법이 아니다.

수많은 실험과 토론을 거쳐 현재 수용된 온도 단위는 ℃(섭씨온도)와 국제 표준 단위인 절대온도 K(켈빈)이다. 국제 표준은 아니지만 미국을 포함한 극소수의 나라에서 여전히 사용하는 °F(화씨온도)도 있다. 이 온도 눈금을 제안한 물리학자 다니엘 파렌하이트를 중국어로 표기한 한자의 첫 글자가 우리말로 '화'로 읽히기 때문에 보통 화씨華氏라 부른다. 섭씨攝氏도 마찬가지로 스웨덴의 물리학자 안데르스 셀시우스의 중국어 표기에서 유래했다.

전해져 오는 이야기에 의하면 독일에 있는 한 도시의 겨울 최저 기온을 0 °F로 정했다고 한다. 이렇게 하면 중부 유럽에 사는 사람들은 살면서 겪는 대부분의 기온이 항상 0보다는 큰 양의 값을 갖는 편리함이 있다. (영국왕립학회에서 파렌하이트가 화씨온도에 대해 발표할 때는 자신의 온도 눈금 기준을 더 과학적으로 들리게 하려고 특정한 세 가지 물질의 혼합물이 공존하는 온도를 0 °F로 한다고 공표했다.) 우리가 매일 사용하는 섭씨온도 눈금에서는 물의 어는점보다 낮은 온도는 마이너스(−)를 붙여 표시하고, 우리말로는 영(0)아래라는 뜻으로 영하零下 몇 도라고 읽는다. 사실 셀시우스가 처음 제안했던 온도 눈금은 우리가 지금 사용하는 섭씨온도와 비교하면 거꾸로 뒤집혀 있어 흥미롭다. 즉 물의 끓는점을 0으로, 어는점을 100으로 했는데 이렇게 하면 어는점보다 차가운 온도는 100보다 큰 수로 표시되어 마이너스 기호가 필요 없다. 우리나라 겨울 영하 10도는 셀시우스에게는 110도였다.

가정에서 손쉽게 이용하는 온도계를 보면 그 안에 빨간색 액체가 담겨 있다. 온도계 안에 담긴 알코올은 투명해서 눈에 잘 보이지 않는다. 눈금을 잘 읽을 수 있도록 알코올에 붉은 염료를 첨가한 것이다. 알코올 온도계의 원리는 바로 액체의 열팽창이다. 온도가 높아지면 액체 속 분자들의 마구잡이 열운동이 활발해져서 분자 사이의 거리가 늘어나고 액체의 부피가 팽창해서 빨간색 액체가 온도계 눈금을 따라 위로 오른다.

인터넷에서 "화씨온도는 사람이 어떻게 느끼는지, 섭씨온도는 물이 어떻게 느끼는지, 그리고 절대온도는 분자가 어떻게 느끼는지와 관련된다"라는 재미있는 말을 보았다. 섭씨온도는 물의 어는점을 0도, 끓는점을 100도로 해서 정해졌다. 화씨온도는 유럽의 겨울날 낮은 온도를 0도로, 사람의 체온은 약 100도로 삼았다. 고전열물리학에 따르면 절대온도 0도에서는 분자의 운동에너지가 0이다. 이 얘기에 다른 이가 덧붙인 댓글도 재밌다. "화씨온도는 미국인이 어떻게 느끼는지, 섭씨온도는 미국을 제외한 다른 나라 사람들, 그리고 물이 어떻게 느끼는지와 관련된다." 아직도 미국인들은 국제 표준인 섭씨온도를 사용하지 않는 걸 비꼰 것이다.

진공이라는 충격

물의 끓는점은 대기의 압력에 따라 달라진다. 산꼭대기처럼 높은 곳에서 쌀을 안쳐 밥을 지으면 밥이 설익는다. 기압이 낮으면 물의 끓는점도 낮아져 낮은 온도에서 쌀을 익히니 밥이 잘될 리가 없다. 거꾸로, 집에서 사용하는 압력밥솥은 밥솥을 높은 압력으로 만들어 높은 온도에서 쌀을 익히니 짧은 시간 안에 잘 익은 밥을 지을 수 있게 해준다. 따라서 물을 이용한 표준 섭씨온도의 약속은 압력의 단위가 먼저 표준화되어야만 의미가 있다.

차를 타고 가다 보면 높은 고개를 넘을 때 귀가 먹먹해지는 통증을 느낀다. 고막 안쪽과 바깥쪽의 압력 차이로 발생하는 통증이다. 지구를 둘러싼 공기층에 의해 지표면에서 만들어지는 압력은 사실 작지 않다. 손바닥 위에 가로 세로가 각각 1 cm가 되는 작은 정사각형을 그려보자. 지구의 공기층이 우리 몸을 누르는 힘은 이 작은 1 cm^2의 면적에 무려 질량이 1 kg인 물체가 하나 올라 있는 것과 같다. 성인 몸의 전체 표면적은 보통 1.5 m^2보다 크다 하니 우리 몸 전체를 공기가 밖에서 안으로 누르는 힘은 무려 15톤의 대형 덤프트럭이 몸 위에 올라 있는 것과 같다.

그런데도 살면서 이런 큰 힘을 느끼지 못하는 이유는 우리 몸도 몸의 바깥을 향해서 같은 크기의 힘을 작용하기 때문이다. 만약 대기의 압력이 갑자기 사라지면 어떻게 될까? 1990년 제작된 영화 〈토탈리콜〉의 끝부분에 대기가 희박한 화성의 표면에 나동그라진 사람의 얼굴이 어떻게 변하는지를 보여주는 끔찍한 장면이 나온다. 1기압의 대기압에서 살아가는 모든 생명체는 엄청나게 오랜 기간, 주어진 환경에서 진화를 거듭해 현재의 모습을 갖게 된 것이다. 당연히 아무런 불편함도 느끼지 않는다. 사정이 이렇다 보니 공기에 무게가 있고 이로 인해 상당한 크기의 압력이 만들어진다는 사실을 인류가 깨달은 시간은 그리 오래되지 않았다. 직접 눈으로 대기압이 존재함을 명확히 보여준 사람은 바로 이탈리아의 물리학자 에반젤리스타 토리첼리다.

토리첼리는 수은을 가득 담은 유리관을 거꾸로 세우면 **그림 5**처럼 수은의 표면에서부터 높이 h까지만 수은 기둥이 올라간다는 점을 보였다. 마치 누가 손으로 힘을 주어 수은 표면을 아래로 누르고 있는 것처럼 말이다. 토리첼리는 바로 지표면 근처 대기의 압력 때문에 이런 일이 생긴다고

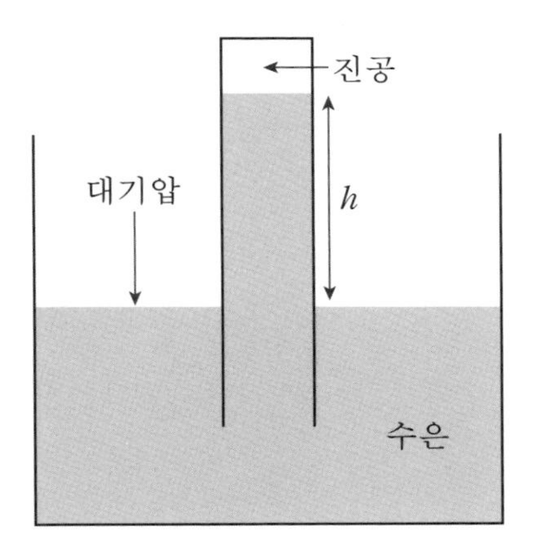

그림 5 토리첼리가 수행한 실험의 개요

올바로 해석했다.

토리첼리의 실험은 당시 사람들에게 다른 방면에서 엄청난 충격을 주었다. **그림 5**에서 거꾸로 세운 유리관의 비어 있는 윗부분은 수은이 든 유리관을 세우기 전에는 수은으로 빈틈없이 채워져 있던 부분이다. 따라서 이곳에는 공기나 다른 기체가 들어 있을 리 없다. 토리첼리의 실험에서 수은 기둥 위에 생긴 공간은 말 그대로 '빈 공간', 즉 진공이다. 현대를 살아가는 우리에게 진공의 존재는 전혀 신기한 일이 아니지만 과거 아주 오랫동안 진공이 존재할 수 있다는 점에 많은 철학자가 강한 의문을 품었다. 그 이유는 진공은 다름 아닌 아무것도 존재하지 않음, 즉 비존재를 뜻했기 때문이다. '진공이 존재한다'에서 '진공'을 같은 뜻인 '비존재'로 바꿔 읽으면 바로 '비존재가 존재한다'는 말이 된다. 이 문장에 담긴 의미가 논리적으로 모순이므로 참일 수가 없다고 생각했던 것이다. 이처럼 진공을 철학적인 개념으로만 생각했던 당시 사람들의 눈앞에 토리첼리는 진공을 직접 만들어 보여주었다.

온도의 표준 단위를 정하다

이제 압력이 정의되었으니 섭씨온도 1 ℃는 1기압의 대기압에서 물의 어는점과 끓는점 사이를 100등분한 것으로 정의하면 되고 이렇게 표준 온도 눈금이 약속된 것은 19세기 말 무렵이다. 19세기에 이루어진 기체열역학의 발전으로 인해 알려진 사실이 있다. 압력을 일정하게 유지하면서 온도를 변화시키며 기체의 부피를 재면 온도의 변화에 대해 부피가 직선의 형태로 변하는 그래프를 얻는다는 것이다. 다양한 기체를 이용한 실험 결과를 모아 직선 부분을 더 낮은 온도로까지 늘려보면 마치 모든 기체가 어떤 특정한 온도에서 하나 같이 부피가 0이 되는 것처럼 보인다는 사실도 알게 됐다. 그 온도는 −273.15 ℃였다.

이를 이용해 만들어진 표준 눈금이 바로 절대온도 K다. 섭씨온도와 화씨온도에는 '도'를 의미하는 작은 동그라미를 붙여서 각각 ℃, ℉로 적지만 절대온도는 동그라미 없이 K로만 적는다(1967년 이전에는 절대온도도 마찬가지로 °K로 적었다). 절대온도 눈금으로 1 K는 섭씨온도 눈금 1 ℃에 해당해서 섭씨온도로 표시한 숫자에서 간단하게 273.15만 더하면 절대온도가 된다. 즉 1기압에서 물의 어는점은 273.15 K이고, 물의 끓는점은 373.15 K이다.

이렇게 하면 표준 온도 정의 문제가 해결된 것 같다. 하지만 막상 정말로 실험을 해보면 물의 어는점과 끓는점을 정확히 구하는 작업은 쉽지 않다. 어떨 때 물은 온도를 영하로 한참 내려도 얼지 않는다. 냉동실에서 액체 상태의 탄산음료가 든 물병을 꺼내 뚜껑을 여니 갑자기 어는 것을 본 사람도 있을 것이다. 심지어는 1기압의 압력에서 온도를 100 ℃ 위로 올려도 물이 끓지 않기도 한다. 사실 우리가 사는 1기압에서 물이 고체에서 액체로 혹은 액체에서 기체로 변하는 '상전이'는 소위 '불연속 상전이'라는 유형에 속하기 때문에 이런 일이 생긴다. 독자가 쉽게 접할 수 있는 비슷한 다른 예는, 초등학교 앞 문방구 등지에서 파는 비닐 주머니에 든 액체 손난로가 있다.

영하의 온도에서 액체 상태로 있는 주머니 안의 물질은 가만히 내버려 두면 액체 상태를 유지한다. 그렇다면 분명히 액체 상태도 이 물질의 안정적인 상태이다. 한편 비닐 손난로 안에 액체와 함께 들어 있는 금속판을 손가락으로 딸깍하고 누르면 이 물질은 열을 내면서 고체 상태로 변한다. 일단 고체 상태로 변하면 계속 고체 상태를 유지한다. 즉 겨울철의 압력과 온도에서 액체와 고체 모두 손난로의 안정적인 상태라는 말이다(물론 고체 상태가 액체 상태보다 '더' 안정적이긴 하다. 일단 고체가 되면 끓는 물에 넣어 녹인

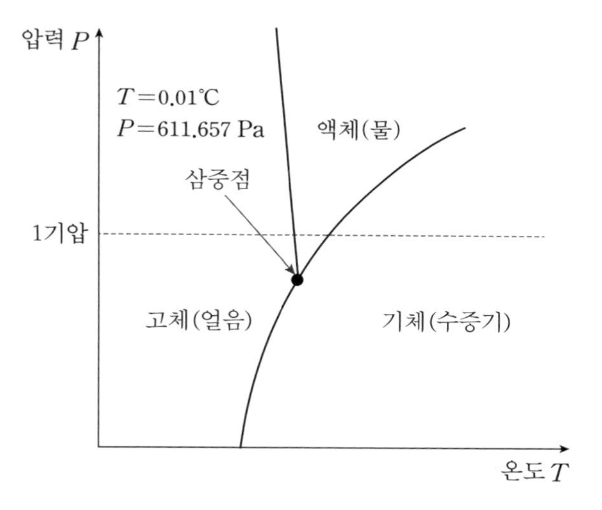

그림 6 물의 상그림

삼중점에서 고체, 액체, 기체가 공존한다

다음 천천히 식히지 않는 한 다시 액체로 돌아가지 않지만 액체는 딸깍하고 금속판을 누르면 금방 고체로 변하니까 말이다. 이때 손난로의 액체 상태를 '준안정' 상태라고 한다). 같은 압력과 온도에서 두 가지 상이 둘 다 안정하니 이런 물질에 대해서는 어는점이라는 말을 하기가 어렵다. **그림 6**은 온도와 압력을 바꿀 때 물이 어떤 상태에 있는지를 보여주는 그림인데 물리학자들은 이를 상 그림phase diagram이라 부른다. 이 상 그림에서 가장 흥미로운 점이 세 선이 만나는 삼중점인데 압력과 온도를 조절해서 삼중점 위에 놓으면 흥미롭게도 물, 얼음, 그리고 수증기의 세 가지 상이 함께 공존한다.

물의 삼중점에서 압력은 611.66 Pa, 그리고 온도는 273.16 K가 된다. 1967년 이후로 국제 표준 온도 단위는 물의 어는점, 끓는점이 아닌, 물의 삼중점을 이용해 정의한다. 물의 삼중점의 절대온도를 273.16로 나눈 것을 1 K로 하자고 약속한 것이다. 이렇게 하면 이야기가 모두 명확하게 된 것 같지만 문제가 또 있다. 사실 우리가 이야기하는 물이 증류수인지, 바닷물인지, 강물인지, 또 강물이라면 한강물인지, 대동강물인지가 확실하지 않다. 2005년 국제 표준으로 비엔나에 잘 모셔져 있는 국제 표준 해수의 삼중점을 기준으로 한다는 약속이 정해졌다. 흥미롭게도 비엔나는 바다에 접하지 않은 도시라 바닷물이 없다. 표준 해수를 약속한 다음에 비엔나에 가져다 놓은 것이다. 재미있는 얘기가 또 있다. 표준 해수라고 부르지만 비엔나 표준 해수에는 소금도 없다. 물을 이루는 수소와 산소의 동위원소의 비율은 얼마로 한다고 약속한, 순수하게 수소와 산소만으로 이루어진 물이다.

2019년 온도의 표준 단위와 관련된 의미 있는 일이 일어났다. 바로 볼츠만 상수의 값이 딱 $k_B = 1.380\,649 \times 10^{-23}\,\mathrm{J/K}$로 정의된 사건이다. 이전 온도의 정의는 자연의 기본 상수에 기반한 것이 아니라 물의 삼중점을 이용한 것이어서 어떤 성분의 물을 이용해 삼중점을 얻는지에 따라 온도의 정의가 달라질 수도 있었다. 2019년 볼츠만 상수가 기본 상수의 하나로 값을 고정하게 됨으로써 이제 우리 인간이 가진 온도의 단위가 보편성을 가지게 되었다.

볼츠만 상수 $k_B = 1.380\,649 \times 10^{-23}\,\mathrm{J/K}$에 들어 있는 에너지의 단위를 $1\,\mathrm{J} = 1\,\mathrm{kg \cdot m^2 \cdot s^{-2}}$로 적어보자. 질량, 길이, 그리고 시간의 표준 단위인 kg, m, 그리고 s가 정해지면 이를 이용해서 온도의 단위인 K를 정의할 수 있다. 새로운 온도의 표준 단위는 이제 $1\,\mathrm{K} = \dfrac{1.380\,649 \times 10^{-23}\,\mathrm{kg \cdot m^2 \cdot s^{-2}}}{k_B}$로 정의된다. 빛의 속도가 고정되어서 1 m의 정의가 바뀐 것과 마찬가지고 볼츠만 상수가 고정되어 1 K의 정의가 새롭게 바뀐 것이다.

만약 온도와 압력이 지금과 다른 세상이라면

우리 세상의 온도와 압력이 달라지면 어떤 세상을 마주하게 될까? 지표면 부근의 대기압은 1기압이지만 높은 곳에 오르면 기압이 낮아진다. 15 km 정도의 고도에서는 압력은 1/10기압으로 줄고, 고도 30 km 정도에서는 1/100기압으로 줄어든다. 지구의 반지름이 6400 km 정도이니 우리가 매일 숨 쉬며 살아가는 공기의 대부분은 지구 위의 얇은 막이라고 할 수 있다. 지구의 크기를 달걀의 크기로 줄이면 달걀 껍질 안쪽에 붙은 아주 얇은 막 정도의 두께에 해당한다. 우리는 평생 그 얇은 막 안에서 익숙한 1기압의 환경이 세상의 전부라 생각하며 삶을 편안하게 이어가고 있는 셈이다.

갑자기 낮은 대기압 환경에 있게 되면 우리 몸에는 안과 밖의 압력 차이가 생긴다. 우리 몸의 피부는 이런 압력 차이를 상당히 잘 버티지만 귀 안에 있는 얇은 고막은 안팎의 압력 차로 안에서 밖으로 밀려나며 귀의 통증을 일으킨다. 어르신들이 관절 부위의 통증이 얼마나 심한지로 날씨를 예측한 것도 마찬가지로 압력의 차이 때문이다. 비가 오기 전 기압이 낮아지면 관절을 둘러싸고 있는 관절 주머니 안의 액체(활액)가 팽창해 주변 신경을 자극한다. 물론 대기의 압력이 아주 낮아지면 가장 시급한 문제는 산소의 공급이다. 우리 몸은 공기가 없다면 3분을 버티고, 물이 없다면 3일, 그리고 음식이 없다면 3주 정도 버틸 수 있다는 얘기가 있다. 대기압이 극도로 낮아져 산소 공급이 줄어들면 우리는 곧 몇 분 안에 사망한다.

지표면에서 위로 오르면 압력이 낮아지듯이 물속으로 잠수하면 압력이 빠르게 높아진다. 물의 밀도가 공기의 밀도보다 훨씬 더 커서 깊이에 따른 압력의 변화는 대기에서보다 물속에서 훨씬 가파르다. 물의 밀도를 이용해 계산하면 물속에서는 깊이 10 m당 1기압의 비율로 압력이 높아진다는 점을 확인할 수 있다. 점점 더 깊은 물속으로 잠수하면 어떤 일이 생길까? 높은 압력으로 말미암아 기체를 구성하는 우리 몸속 분자들이 혈액으로 녹아 들어간다. 계속 깊은 곳에서 산소를 잘 공급받고 있다면 큰 문제는 없다. 하지만 잠수한 사람이 다시 위로 오르면 혈액 속에 녹아 있던 기체 분자가 기체 방울을 형성해서 혈류의 흐름을 막는 심각한 잠수병을 일으킨다. 잠수한 사람은 천천히 수면으로 올라가야 혈액 속 기체 방울이 생기는 것을 막을 수 있다.

대기의 압력이 아주 높아지면 어떤 일이 생길까? 우리가 숨을 들이쉴 수 있는 이유는 허파 안쪽의 압력을 대기압보다 낮게 하기 때문이고 숨을 내쉴 수 있는 이유는 거꾸로 허파 안의 압력을 대기압보다 높일 수 있기 때문이다. 우리 몸은 근육을 이용해서 가슴 부위의 공간을 늘리고 줄여서 들숨과 날숨에 필요한 압력 차를 만들어낸다. 만약 아주 큰 대기압이라면 우리는 이런 압력 차이를 근육으로 만들어 낼 수 없다. 숨을 내쉬려고 하는데 아주 큰 힘으로 외부에서 가슴을 누르는 상황을 떠올리면 알 수 있다. 대기의 압력이 낮아지면 산소가 혈액에 공급되지 못해 사망하고 압력이 높아지면 숨 쉴 수 없어 사망한다.

우리가 쾌적하게 살아가는 온도가 변해도 큰 문제다. 어느 정도 범위의 온도 차이에는 우리 몸은 온갖 현명한 방법으로 체온을 유지하는 항상성을 보여준다. 온도가 내려가면 몸을 떨고 피부에 닭살을 만들어 체온 하강을 막고 온도가 올라가면 땀을 흘려 체온을 낮춘다. 내부의 온도가 100도가 되는 찜질방에서도 우리가 어느 정도 버틸 수 있는 이유다. 물론 잠깐만 버틸 수 있을 뿐이다. 일상의 온도가 100도가 된 세상에서 삶을 계속 이어가는 것은 불가능하다.

요즘 기후 변화 문제가 큰 걱정이다. 1880년대 이후의 지구 기온 상승이 1.5℃를 넘게 되면 돌이키기 어려운 재앙이 시작될 것이라는 예측이 있다. 지구의 장기적인 기온 상승은 과거 100년 정도의 기간에 걸쳐 잘 축적된 매일의 기온만 그래프로 그려봐도 누구나 동의할 수밖에 없다(관심 있는 독자에게 우리나라의 기상청 홈페이지에서 기온 데이터를 내려받아 연평균 기온을 그려보기를 추천한다). 또 이산화탄소와 메탄 같은 기체가 만드는 온실 효과는 명백한 이론적인 결과가 있다. 현실에서도 이산화탄소의 농도 증가가 지구의 기온 상승과 함께 일어났다는 명확한 데이터가 존재한다. 기후 변화를 연구하는 과학자들이 만든 여러 기후 모형에 따르면 산업화 과정에서 인간이 배출한 이산화탄소를 모형에 넣지 않으면 현재의 기온 상승을 전혀 설명할 수 없다는 수치 모형 기반 결과도 명확하다.

현재 극소수를 제외한 거의 모든 과학자는 지구의 기온 상승이 사실이며, 기온 상승을 일으킨 온실 기체는 바로 우리 인간이 배출한 것이라는 데 동의한다. 그리고 이처럼 빠른 기온 상승은 우리 인류가 지구에 존재하기 시작한 이후 단 한 번도 경험하지 못한 일이며 현재의 대기 중 이산화탄소 농도에서 숨을 단 한 번이라도 쉰 호모 사피엔스 선조는 단 한 명도 없었다. 현재 더 큰 걱정은 이산화탄소 농도가 단기간에 다시 줄어들 것으로 보이지 않는다는 것이다. 우리 세대가 우리 후손에게 생존이 가능한 지구를 물려주기 위해서 큰 노력과 희생이 필요하다.

5장

축구공이 파동으로 날아간다면

수상한 검은 물체

쇠붙이를 활활 타는 불 속에 넣으면 잠시 뒤 빨갛게 달궈진다. 불 속에서 처음에는 빨간빛을 내다 더 뜨거워진 쇠붙이는 주황빛을, 그리고 나중에는 노란빛을 내기도 한다. 쇠붙이뿐 아니다. 모든 것이 다 빛을 낸다. 우주에 있는 별도 빛을 낸다. 겨울철에 푸르스름하게 빛나는 큰개자리 시리우스의 온도는 노르스름하게 빛나는 별보다 더 높고, 여름철 남쪽 하늘에 낮게 뜨는 멋진 별, 전갈자리 붉은색 안타레스는 태양보다 온도가 낮다. 빨주노초파남보 무지개 빛깔에서 빨강에서 보라 쪽으로 갈수록 빛의 파장은 짧아지고 별의 온도는 더 높아진다. 사실 사람도 반짝반짝 광택 피부가 아니라도 누구나 얼굴에서 빛이 난다. 달궈진 쇠붙이보다 사람의 체온은 한참 낮다. 그래서 몸에서 나는 빛의 파장이 가시광선의 파장보다 길어 눈에 보이진 않지만 적외선 카메라로는 보인다. 온도가 높아지면 빛이 나는 현상, 우리가 지금 아는 현대 물리학이 바로 여기서 태어났다.

검은색 종이가 검게 보이는 이유는 대부분의 가시광선을 흡수만 하고 반사하지 않기 때문이다. 도자기를 굽는 커다란 가마에 작은 구멍을 내자. 그 구멍을 통해 밖에서 들어간 빛은 가마 안 내부 공간에서 이리저리 반사되며 그 안에 오래 머문다. 작은 구멍을 통해 다시 밖으로 나오는 빛은 거의 없는 것이나 마찬가지다. 그 구멍이 검게 보이는 이유다. 물리학자는 가마에 난 작은 구멍같이 빛을 흡수만 하지 반사하지 않는 물체를 흑체라 부른다. 가마 전체가 아닌 가마에 난 작은 구멍이 흑체다.

검은색 종이는 주로 가시광선 영역에서만 검지만 큰 가마에 낸 작은 구멍은 모든 파장의 빛에 대해 검다는 점이 중요하다. 자, 이제 가마의 온도를 올리면 어떻게 될까. 온도가 올라 가마가 뜨거워지면 조그만 구멍을 통해 빛이 비쳐 나오기 시작한다. 잘 보면 온도가 올라갈수록 나오는 빛의 색이 변한다. 가마 안 빈 공간에 존재하는 전자기파가 내부의 뜨거운 물질과 열적 평형 상태에 있게 되면, 구멍을 통해 나오는 빛은 가마 내부의 온도에 따라 파장이 변한다는 말이다. 즉 완벽히 검은 흑체도 빛을 낸다. 외부의 빛 일부를 반사해서 빛이 나는 것이 아니라 자신의 온도에 맞는 빛을 안에서 만들어 밖으로 방출한다.

처음 흑체 복사에 대한 연구가 시작될 때 물리학자들은 자신들이 자연에 대해 많은 사실을 알고 있다고 생각했다. 뉴턴의 고전역학은 실로 다양한 상황에서 정밀하게 검증되었다. 그리고 열역학이 완성되어 온도와 열이 무엇인지 잘 안다고 믿었고, 맥스웰 방정식으로 기술되는 전자기학이 완성되어 빛과 전자기파가 무엇인지 안다고 믿었다. 흑체 복사 문제 역시 열역학과 전자기학이 관련돼 있어 당시의 물리학 지식으로 잘 이해할 수 있을 것이라고 믿었다.

1879년 오스트리아 물리학자 요제프 슈테판은 흑체에서 방출되는 에너지가 온도에 따라 어떻게 변하는지를 재봤다. 그 결과 초당 방출 에너지 밀도가 절대온도의 네제곱에 비례한다는 것을 알게 됐다. 또 그 비례 관계를 기술하는 슈테판 상수 σ의 값을 재보니 $5.67 \times 10^{-8}\ W/m^2 K^4$였다.* 물리

* 슈테판 상수에 등장하는 K는 온도의 국제 표준 단위고, W는 일률power의 단위로 널리 쓰인다. 가정에서 많이 이용하는 전기 기구의 소비전력 단위다. 일률은 단위 시간당 에너지를 의미하고 시간의 표준 단위인 s와 에너지의 단위인 J를 이용해 적으면, 1W=1J/s에 해당한다. 에너지의 단위 1J은 1N의 일정한 힘으로 물체를 1m 이동할 때 필요한 에너지이며 힘 1N은 질량 1kg짜리 물체의 가속도가 $1m/s^2$일 때 물체에 작용한 힘이다. 결국 $1W=1J/s=1N\cdot m/s=1kg\cdot m^2/s^3$로 적을 수 있어서 국제 표준 단위계에 들어 있는 kg, m, 그리고 s로 1W를 표현할 수 있다.

학자 루트비히 볼츠만은 1884년 빛의 복사 압력과 열역학을 이용한 계산을 통해 방출 에너지 밀도가 절대온도의 네제곱에 비례한다는 것을 이론적으로 뒷받침했다. 이후 흑체 복사 에너지와 온도의 관계식은 '슈테판-볼츠만 법칙'이라 불린다. 그런데 볼츠만도 슈테판의 상수 σ의 값을 열역학적인 계산만으로는 얻을 수 없어 흑체 복사에 대한 물리학을 완전히 설명한 것은 아니었다.

1893년 독일 물리학자 빌헬름 빈은 열역학을 이용해 또 다른 흥미로운 결과를 얻는다. 흑체에서 방출되는 전체 에너지 밀도 중 파장이 λ인 전자기파가 가진 에너지 밀도 $u(\lambda)$가 $\frac{u(\lambda)}{T^5}=f(\lambda T)$꼴의 축척 법칙을 만족하여 가장 큰 에너지를 방출하는 빛의 파장이 $\lambda_m \sim \frac{1}{T}$의 형태로 적힌다는 것을 보였다. 즉 온도 T가 올라갈수록 더 짧은 파장의 빛이 주로 방출된다는 것을 보였다. 빈의 결과가 당시의 실험을 잘 설명하긴 했지만 여전히 위 식의 함수 $f(\lambda T)$의 정확한 꼴이 무엇인지는 오리무중이었다.

시간이 더 흘러 1900년에는 레일리-진스의 이론이 발표되었다. 당시의 열역학과 전자기학의 지식을 집대성하여 흑체에서 방출되는 에너지 밀도 $u(\lambda)$의 구체적인 수학적 형태를 얻은 것이었다. 이렇게 얻어진 $u(\lambda)$는 파장이 긴 영역에서는 실험 결과와 잘 맞고 또 $u(\lambda)$가 모든 파장 영역에서 빈의 축척 법칙을 만족한다는 좋은 소식도 있었지만 곧 다른 심각한 문제가 알려진다.

레일리-진스 이론의 예측에 따르면 모든 파장에서 방출되는 흑체의 복사에너지를 다 모으면 그 에너지의 총합이 무한대가 되어 슈테판-볼츠만의 법칙과는 모순된다(유한한 온도의 흑체에서 무한한 에너지를 얻을 수는 없으니 분명히 무언가 잘못되어 있다는 얘기다). 에너지가 무한대로 발산하는 문제는 λ가 0으로 접근할 때 레일리-진스 이론의 $u(\lambda)$가 무한대가 되기 때문이었는데 이를 짧은 파장 영역에서 생기는 심각한 문제라는 뜻으로 '자외선 파국'이라 부른다. 자외선 파국은 레일리-진스의 이론이 정말로 올바른 것일 수는 없다는 사실을 의미했다. 아무리 눈을 비비고 다시 꼼꼼히 살펴봐도 계산의 실수는 없었다. 그렇다면 당시의 열역학과 전자기학 중 무언가가 근본적으로 잘못되었을지 모른다. 물리학이 맞게 된 엄청난 위기였다.

만능 해결사의 등장

1900년, 물리학은 큰 병에 걸렸다. 잘 안다고 믿었던 물리학의 지식에 뭔가 심각한 문제가 있다는 위기 의식이 점점 확산되었다. 이때 기존의 물리학을 구원해 새로 나아갈 길을 제시한 사람이 바로 막스 플랑크다.

플랑크는 당시 막 형성되던 볼츠만의 통계역학을 이용해서 흑체 복사의 결과를 설명할 수 있음을 깨닫는다. 볼츠만은 주어진 조건에서 시스템이 가질 수 있는 미시적인 상태의 개수가 엔트로피를 결정한다는 놀라운 발견을 했고, 엔트로피로부터 시작해서 체계적으로 열역학적 양들을 계산하는 체계인 통계역학을 창시했다. 지금과는 달리 플랑크가 살던 당시에는 맞는지 틀린지도 모르는 통계역학을 이용해 흑체 복사를 설명한다는 아이디어를 택하기 쉽지 않았다. 플랑크는 통계역학을 적용해 계산할 때 파장이 λ인 빛의 에너지가 진동수 $\nu=\frac{c}{\lambda}$에 비례해서 $E_n=nh\nu=nh\frac{c}{\lambda}$의 꼴로 적어야 올바른 계산이 된다는 점을 알았다. 즉 빛의 에너지가 $h\nu$의 단위로 해서 $h\nu$, $2h\nu$, $3h\nu$, …… 처럼 띄엄띄엄하다고 놓으면 흥미롭게도 제대로 된 계산 결과를 얻는 것이다.

사실 플랑크는 띄엄띄엄 떨어져 있는 빛의 에너지가 어떤 의미인지에 대해서는 정확히 이해하지 못했을뿐더러 심지어는 이 문제를 깊이 생각해 보지 않았다고 고백하기도 했다. 그는 자신이 사용한 식 $E_n=nh\nu$이 당시의 물리학자들이 발 딛고 있는 토대를 송두리째 흔들어 결국 양자역학이라는 현대 물리학의 새 지평을 열고 있다는 것을 깨닫지 못했다. 자, 그럼 플랑크가 제안한 식 $E_n=nh\nu$을 볼츠만의 통계역학에 적용하면 어떤 결론이 나는지 알아보자.

플랑크의 계산을 따라해 보면 당시 흑체 복사에 관계된 문제들이 일거에 모두 해결됨을 알 수 있다. 즉 슈테판－볼츠만 법칙에 등장하는 슈테판 상수 σ가 확정되고 빈의 축척 법칙에 등장하는 $f(\lambda T)$의 정확한 함수꼴이 무엇인지도 알 수 있다. 이뿐 아니라 레일리－진스의 이론도 플랑크가 얻은 일반적인 결과에 파장이 충분히 길다는 어림을 하면 쉽게 얻을 수 있고 자외선 파국의 문제도 없다. 플랑크 상수와 볼츠만의 통계역학의 도입으로 당시 흑체 복사에 관계된 퍼즐들이 한 번에 모두 해결되는 것이다.

플랑크가 해결한 문제는 이뿐만이 아니었다. 플랑크의 이론과 당시의 실험 결과들을 비교하면 플랑크 상수 h값(플랑크 자신이 계산한 값은 6.55×10^{-34} Js로서 현재 우리가 아는 값인 $h=6.626\,070\,15\times10^{-34}$ Js과는 1 % 정도 다르다)도 그리고 볼츠만 상수 k_B도 얻을 수 있었다. 볼츠만 상수를 알면 기체 상수 R과 비교해 아보가드로 수(1 mol에 해당하는 분자가 모두 몇 개인지를 의미한다)도 알 수 있다. 당시 전자 1 mol당 전하량이 이미 알려져 있어 아보가드로 수를 알면 전자 1개의 전하량도 알 수 있다. 이 정도면 꿩 먹고 알 먹고, 돌멩이 하나로 새 두 마리를 잡은 정도가 아니라 적어도 일고여덟 마리는 한 번에 잡은 것과 다름없다.

양자역학의 탄생

플랑크가 해결한 많은 난제를 돌이켜 보면 플랑크가 제안한 식 $E_n = nh\nu$이 십중팔구 맞는다고 생각하지 않을 수 없다. 그런데 흑체 복사에 관계된 일련의 문제가 해결되자마자 마치 판도라의 상자가 열린 것처럼 엄청난 개념적 혼돈이 시작된다. 흑체 복사로 병에 걸린 물리학은 그 병에서 회복되자마자 이제 듣도 보도 못한 신형 독감을 겪게 된 거다.

자, 우리가 사는 매일 눈으로 보고 몸으로 겪는 세상에서는 대부분의 양이 연속적인 것처럼 보인다. 음악의 볼륨을 조정하면 소리의 크기가 줄었다 커졌다 연속적으로 변하고, 백미터 달리기를 할 때 조금 천천히 뛰거나 빨리 뛰면 도착 시간도 연속적으로 바꿀 수 있다. 전등에서 나오는 빛도 마찬가지다. 적당히 저항값을 조절하면 빛의 세기도 약하고 강하게 마음대로 조정할 수 있다고 우린 믿는다.

그런데 플랑크가 제안한 식 $E_n = nh\nu$의 의미는, 파장이 정해진 빛의 에너지가 어떤 값의 정확한 정수배만 될 수 있어서 $nh\nu$와 $(n+1)h\nu$ 사이의 에너지는 가능하지 않다는 점을 의미한다. LED 전등에서 나오는 빛의 에너지가 어떤 두 값은 가질 수 있지만 그 둘 사이의 값은 허락되지 않는다는 말이다. 이게 말이 된다고 생각하는지. 플랑크가 당시 물리학이 걸린 병을 치료하면서 사용한 약은 흑체 복사에 대해서는 만병통치였지만 그 약은 우리를 요지경 세상으로 이끌었다. 그곳이 바로 양자역학과 현대 물리학의 세상이다.

플랑크 상수의 등장으로 해결된 문제들

1. 슈테판－볼츠만 법칙을 유도하고 슈테판 상수 $\sigma = \frac{2\pi^5 k_B^4}{15h^3c^2}$를 이론적으로 구함.
2. 빈의 축척 법칙에 나오는 함수 $f(\lambda T) = \frac{8\pi hc}{\lambda^5 T^5} \frac{1}{e^{hc/k_B \lambda T} - 1}$를 구함.
3. 2의 식으로 방출에너지가 최대인 파장 $\lambda_m = \frac{hc}{4.965\, k_B T}$을 이론적으로 구함.

4. 플랑크의 에너지 밀도 $u(\lambda)=\frac{8\pi hc}{\lambda^5}\frac{1}{e^{hc/\lambda k_B T}-1}$는 파장이 길 때 레일리－진스의 이론과 같아짐을 보임.

5. 레일리－진스 이론의 자외선 파국 문제의 해결.

6. 위의 1과 3을 실험결과와 비교하여 볼츠만 상수 k_B와 플랑크 상수 h의 값을 얻음.

7. 6에서 구한 볼츠만 상수와 당시 이미 알려져 있던 기체 상수 R의 값을 이용하여 $R=N_A k_B$로부터 아보가드로 수 N_A를 얻음.

8. 당시 이미 알려져 있던 전자 1 mol당 전하량인 패러데이 상수 F와 7에서 구한 아보가드로 수를 이용해서 전자 1개의 전하량 e를 얻음.

만약 플랑크 상수가 거시적인 크기로 커진다면

뉴턴의 운동 법칙에는 플랑크 상수가 등장하지 않는다. 하지만 슈뢰딩거 방정식에는 플랑크 상수가 등장해서 양자역학을 이용해 어떤 결과를 얻으면 플랑크 상수가 자연스럽게 그 결과에 들어 있는 경우가 많다. 양자역학을 이용해 얻은 결과 수식에 $h \to 0$의 극한을 취하면 고전역학으로 수렴하는데 플랑크가 계산한 흑체 복사의 에너지 공식 $u(\lambda)=\frac{8\pi hc}{\lambda^5}\frac{1}{e^{hc/\lambda k_B T}-1}$에 $h \to 0$의 극한을 취하면 레일리-진스가 고전열역학으로 유도한 식 $u(\lambda)=\frac{8\pi k_B T}{\lambda^4}$에 수렴하는 것이 한 예다.

위의 예에서 볼 수 있듯이 우리에게 익숙한 고전역학이 기술하는 세상은 플랑크 상수가 0에 가까운 세상이라고 할 수 있다. 거시적인 세상에서 1 정도의 자연스러운 크기를 갖는 m, kg, s와 같은 국제 표준 단위로 표시하면 플랑크 상수는 10^{-33} 정도의 아주 작은 값을 갖고 있다. 플랑크 상수가 이렇게나 작아서 거시적인 세상에서는 그 값을 0으로 어림할 수 있다. 그래서 고전역학이 지배하는 이 세상에서는 양자역학의 효과를 직접 관찰하기 어려운 것이다. 인류가 양자역학보다 고전역학을 먼저 발견할 수 있었던 것도 플랑크 상수가 작기 때문이다.

플랑크 상수는 고전역학과 양자역학의 경계를 설정하는 역할을 해서 플랑크 상수의 값이 지금의 값보다 줄어들면 고전역학으로 기술할 수 있는 범위는 늘어나고 거꾸로 플랑크 상수의 값이 아주 커지면 거시적인 크기의 세상에서도 직접 양자역학의 결과를 볼 수 있게 된다. 만약 플랑크 상수가 지금보다 10^{33}배 커져서 국제 표준 단위계로 1 정도의 값을 갖는다면 세상의 모습은 어떻게 달라질까?

다른 모든 물리량은 아무런 변화가 없는데 플랑크 상수만 10^{33}배가 커지면, 수소 원자 하나의 반지름은 우리 우주의 크기보다도 더 커진다. 모든 원자도 마찬가지로 엄청난 크기가 된다. 당연히 우리가 사는 우주는 지금과 같은 모습일 수 없다. 우주와 우리의 모습은 그냥 그대로라고 가정하고 플랑크 상수가 갑자기 커지면 우리 눈에 보이는 세상도 무척 달라진다. 골키퍼에게 다가오는 축구공은 이제 입자가 아니라 파장이 1 m 정도인 양자역학의 파동으로 기술되고 축구 시합의 골키퍼가 공을 잡을 수 있을지는 골키퍼의 실력뿐 아니라 양자역학의 확률로 결정된다. 사람들은 벽을 스르륵 통과하고 열려진 두 개의 문도 동시에 통과한다. 친구가 지금 정확히 어디에 있는지는 친구를 만나기 전에는 알 수 없는 세상이다.

6장

왜 일어날 일은 일어나는가

이상 기체의 이상함

바닥에 떨어진 김치 국물이 방안을 이리저리 떠다니지는 못해도 새콤한 김치 냄새는 금세 방안에 퍼진다. 기체 상태로 증발한 김치 국물의 냄새 성분은 공기 중에 쉽게 퍼져 코 점막의 후각 수용체를 자극하기 때문이다. 이처럼 분자들 하나하나는 액체 상태일 때보다 기체 상태일 때 훨씬 더 자유롭게 돌아다닌다. 이상 기체ideal gas는 이상한 기체가 아닌 이상적인 기체라는 뜻이다. 이상 기체를 구성하는 분자들은 극단적으로 자유롭게 돌아다닌다. 다른 분자로부터 아무런 영향도 받지 않고 상호 작용없이 마음대로 움직인다. 물론 현실의 기체를 이루는 분자들은 강하든 약하든 서로 상호 작용을 할 수밖에 없어 이런 이상 기체는 세상에 없다. 하긴, 이렇게 생각해 보면 현실에 없는 이상 기체는 이상한 기체라 할 수도 있을 듯.

밀도가 아주 낮거나 온도가 아주 높으면 기체는 마치 이상 기체처럼 행동할 것으로 예측할 수 있다. 밀도가 낮아 분자들 사이의 거리가 멀면 상호 작용이 약해질 테고, 또 온도가 높아 움직임이 활발해지면 기체 분자 사이의 상호 작용에 의한 퍼텐셜에너지가 운동에너지보다 훨씬 작아져서 운동에너지만으로 대부분의 물리적 성질이 결정되기 때문이다.

우리 세상의 온도와 압력에서는 사실 실제의 기체들도 거의 이상 기체처럼 행동하기는 한다. 하지만 온도가 아주 낮거나 압력이 아주 높아지면 현실의 기체는 이상 기체와는 확연히 다르게 행동한다. 온도를 영하 200 ℃까지 낮추면 공기를 이루는 질소와 산소는 모두 액체로 변한다. 분자들 사이의 상호 작용이 없는 이론적인 이상 기체는 이와 달라 아무리 온도가 내려가도 액체로 바뀌지 않는다. 세상에 이런 이상한 이상적인 기체는 없지만.

기체 속 물질의 양을 재다

공기가 든 주사기의 한쪽 끝을 손가락으로 막고 피스톤을 밀어 압력을 주면 공기가 새어 나오지 않아도 주사기 속 공기의 부피(V)가 줄어든다. 이처럼 기체의 부피는 압력(P)이 커지면 줄어든다(보일의 법칙, $P \propto 1/V$). 또, 공기를 넣은 커다란 주머니에 불을 때서 온도(T, 섭씨온도가 아닌 절대온도임에 주의)를 높이면 부피가 늘어난다(샤를의 법칙, $V \propto T$). 바로 열기구의 원리다. 이 둘을 함께 적으면 $PV = aT$의 꼴이 된다. 기체의 양이 많아지면 식 왼쪽의 부피 V는 당연히 그에 비례해서 늘어난다. 그렇다면 식의 오른쪽도 마찬가지여야 등식이 성립한다. 온도 T는 물질의 양에 무관하니(사람의 체온은 몸무게가 두 배가 된다고 해서 두 배가 되지 않는다), a가 바로 기체의 양에 따라 비례해 함께 늘어나는 숫자여야 한다는 말이다.

물리학자는 이 비례 상수 a를 nR의 꼴로 두어서 $PV = nRT$로 적는다. 여기서 R은 기체 상수라 불리고 n은 기체의 양에 따라 늘어나는 수다. 이 식에서 $n = 1$에 해당하는 기체의 양을 1 mol(몰)이라 부른다. 이상 기체의 상태방정식이라 불리는 이 식을 보면 절대온도 T가 0 K가 되면 기체의 양 n이 얼마이든 기체의 부피가 없어져 0이 되는 이상한 일이 생긴다. 놀랄 것은 없다. 이상 기체와 달리 실제의 기체는 온도가 낮아지면 부피가 줄다가 절대온도 0 K에 이르기 전에 액체 상태가 되어 이상 기체의 이상한 현상을 보여주지 않는다.

1805년 영국의 물리학자 존 돌턴은 많은 원소의 원자량이 수소 원자량의 정수배의 형태로 적힌다는 점을 발견한다. 예를 들어 수소 A g과 산소 B g를 반응시켰더니 남는 수소와 산소 없이 모두 다 물 C g으로 변했다면 이 실험에서 $B=8A$, $C=9A$를 발견한다(화학 반응식 $2H+O \rightarrow H_2O$, 그리고 수소와 산소의 원자 번호가 각각 1과 8임을 이용하면 쉽게 이해할 수 있다). 돌턴의 발견으로 물질의 양을 수소 원자를 기준으로 해서 정하자는 의견이 대두했고 이로부터 수소 원자 1 g에 해당하는 물질의 양을 1 mol이라 부르게 되었다.

이후에는 측정의 편리함을 이유로 수소 원자가 아닌 산소 원자 16 g을 기준으로 1 mol을 정의했고 1971년 mol이 국제 표준 단위계의 일곱 번째 식구가 될 때 1 mol은 탄소 동위원소 ^{12}C의 원자 12 g에 해당하는 물질의 양으로 정해졌다. 'Mol'은 독일어로 분자를 의미하는 단어의 첫 세 알파벳이다. 1894년 물리화학자 빌헬름 오스트발트가 사용하자고 제안한 이후 첫 글자가 소문자로 바뀌어 mol이 되었다.

국제 표준 단위계의 7개의 단위 중 mol은 상당히 특별하다. mol은 사실 단위가 없어 1, 2, 3, 100, 1000 같은 순수한 숫자이기 때문이다. 1 mol에 해당하는 입자의 숫자가 상당히 커서 이를 한 단위로 지정해 이용하면 편리하기 때문에 도입된 단위다. 1 뒤에 0이 4개 붙은 10 000을 '만'이라고 불러 일상에서 쉽게 큰 수를 가리키는 방식과 같다.

이탈리아의 물리학자 아메데오 아보가드로는 1811년 놀랍고도 흥미로운 제안을 한다. 산소든 질소든 이산화탄소든, 기체의 종류와 상관없이 같은 온도와 압력이라면 기체의 부피는 기체를 이루는 원자 혹은 분자의 수에 비례한다는 것이었다. 아보가드로가 살던 당시에는 물질이 원자와 분자로 이루어져서 하나하나 셀 수 있는 입자들의 모임이라는 것을 널리 받아들이기 전이었다.

아보가드로의 이야기에 따르면 이상 기체의 상태방정식 $PV=nRT$에서 기체 상수라 불리는 R의 값이 기체의 종류와는 전혀 무관한 상수라는 것을 알 수 있고 따라서 PV/T를 계산하면 기체의 종류와는 무관하게 기체의 양이 몇 mol인지를 표현하는 수 n에만 의존하게 된다. 즉 같은 압력과 온도에서 수소 기체(H_2) 2 g, 산소 기체(O_2) 32 g, 그리고 이산화탄소 기체(CO_2) 44 g은 비록 질량은 모두 달라도 하나같이 1 mol의 분자에 해당하고 똑같은 부피를 차지한다는 말이다.

이상 기체의 상태방정식이 알려지긴 했지만 기체를 구성하는 원자, 분자들이 정말로 실존하는, 셀 수 있는 물질적인 실체라고는 당시의 과학자들이 받아들이지 못했다. 시간이 한참 지나 원자와 분자의 실체성이 알려진 뒤인 1909년 프랑스의 물리학자 장 페랭은 1 mol을 이루는 분자 혹은 원자의 개수를 아보가드로 수, N_A로 부르자고 제안했다. 2018년 국제 표준 단위계로 정확히 $N_A = 6.022\ 140\ 76 \times 10^{23}$으로 정해졌다. 이제 아보가드로 수는 더 이상 측정하는 값이 아니라 빛의 속력 c와 마찬가지로 딱 하나로 고정된 값이 되었다.

볼츠만의 경이로운 수식, 엔트로피

흑체 복사에 관한 슈테판–볼츠만 법칙에서 등장했던 볼츠만은 슈테판의 제자다. 볼츠만은 입자 하나하나의 미시적인 정보로부터 시작해서 거시적인 열역학적인 양을 이해하는 통계역학을 만든 물리학자다. 볼츠만은 분자의 존재를 가정한 기체의 분자운동론도 제시해서 이상 기체의 상태방정식을 엄밀하게 이해하도록 이끌었다. 즉 $PV = nRT = Nk_BT$의 형태로 기체 분자의 개수 N이 어떻게 압력과 부피와 관계되는지를 설명했다. 이렇게 새로 적은 이상 기체의 상태 방정식을 보면 기체 상수는 볼츠만 상수 k_B와 아보가드로 수 N_A를 이용해 $R=N_Ak_B$로 적을 수 있다.

앞에서 보았듯이 플랑크의 흑체 복사에 대한 이론을 통해 k_B가 정해지고, 실험을 통해 알려진 기체 상수 R(현재의 값은 8.3133421 J/K mol)의 값을 이용해 아보가드로 수 N_A를 얻은 바 있다. 볼츠만의 가장 놀라운 업적은 어떻게 거시적인 양인 S(엔트로피)가 미시적인 정보로부터 계산될 수 있는지를 보인 식 $S=k_B \log W$이다.

볼츠만이 잠든 묘지의 묘비에도 새겨진 이 식의 우변에 등장하는 W는 주어진 거시적인 상태에서 시스템이 가질 수 있는 모든 미시적인 상태의 개수를 의미한다. 볼츠만의 도움으로 물리학자들은 '닫힌 시스템에서 엔트로피는 늘 증가한다'라는 열역학의 두 번째 법칙의 의미를 비로소 이해하게 되었다. 뉴턴의 운동방정식과 같은 미시적인 물리 법칙은 과거와 미래를 같은 방식으로 기술한다(이를 물리학자들은 '시간 되짚음 대칭성'이라 부른다). 그런데 우리는 매일매일 시간이 흐르는 것을 본다. 산산조각으로 깨져 바닥에 흩어진 유리 조각이 다시 모여 깨지기 전 예쁜 유리컵으로 저절로 돌아가는 모습을 보지 못한다. 즉 하나하나는 시간 되짚음 대칭성이 있는 물리 법칙을 따르는 미시적인 입자라도 여럿이 함께 모여 거시적인 물체를 이루면 마치 시간 되짚음 대칭성이 없는 것처럼 보인다.

이 패러독스를 해결한 것이 바로 볼츠만의 엔트로피다. 엔트로피가 증가한다는 말의 의미는 이제 너무 자명해 보인다. $S = k_B \log W$에 의하면 거시적인 세계에서 S가 증가한다는 뜻은 더 일어날 가능성이 큰 사건(즉 W가 큰 사건)은 일어나기 마련이라는 뜻이 되기 때문이다.

유리 조각이 바닥에 흩어진 상태에 해당하는 W는, 정확히 같은 유리 조각이 예쁘게 모여 컵을 이룬 상태에 해당하는 W보다 엄청나게 크기 때문에 거시적인 세계에서는 컵이 깨지는 방향의 변화만 관찰된다는 말이다. 엔트로피 증가의 법칙이라고도 불리는 열역학의 둘째 법칙은 '일어날 가능성이 큰 일은 일어나게 마련이다'로 바꿔 부를 수 있다. 바로 이것이 볼츠만이 우리로 하여금 깨닫게 해준 것이다.

볼츠만의 엔트로피($S = k_B \log W$)는 1900년대 초 엄청난 논란을 불러일으킨다. 당시 비엔나 대학의 과학철학계를 주름잡던 에른스트 마흐를 포함한 논리실증주의 진영에서는 과학적으로 의미가 있으려면 식의 왼쪽과 오른쪽이 둘 다 측정할 수 있는 양이어야 한다고 주장했다. 뉴턴의 운동 법칙인 $F = ma$처럼 말이다. 그런데 볼츠만의 엔트로피 표현식은 좌변은 측정할 수 있는 물리량인데 비해(엔트로피는 측정 가능한 양인 열 출입과 온도를 이용해 적분으로 계산할 수 있다) 우변의 W는 실험을 통해 직접 측정할 수 있는 양이 아니라는 이유로 엄청난 공격을 받았다.

이뿐 아니다. 볼츠만의 기체분자운동론도 당시의 과학계에서는 원자나 분자가 물리적인 실체가 아니라는 의견이 대다수여서 거의 인정받지 못했다. 20세기 물리학의 발전은 볼츠만의 손을 들어주었다. 현대 물리학 교과서에 거의 등장하지 않는 마흐에 비하면 볼츠만의 기여는 정말 대단한 것이었다. 그가 바로, 내가 몸담은 통계물리학이라는 학문 분야를 처음 만든 사람이다.

볼츠만의 엔트로피 공식($S=k_B \log W$)은 지금 다시 곰곰히 살펴봐도 정말 경이로운 수식이다. 수식의 좌변 S는 열역학적 엔트로피를 뜻해 거시적인 양이고 수식의 우변에 등장하는 W는 미시적인 정보를 담고 있다. 볼츠만의 엔트로피는 이처럼 거시와 미시를 잇는 다리다. 또 W는 이론적인 계산은 가능해도 실험으로 직접 측정하기는 어려운 양인데 비해 S는 실험을 통해 측정할 수 있는 양이어서 볼츠만의 엔트로피를 통해서 이론과 실험의 결과가 만난다.

볼츠만의 엔트로피와 함께 열역학 제1법칙을 이용하면 단순한 수학적 계산을 통해서 실로 다양한 열역학적 양을 얻어낼 수 있다. 엔트로피의 출발점은 미시 상태의 개수를 하나 둘 세보는 것이어서 통계물리학자들은 숫자만 셀 수 있어도 열역학적 결과를 얻어낼 수 있다고 말하고는 한다. 숫자만 세도 물리 시스템의 에너지와 비열 등이 온도에 따라 어떻게 변하는지 알 수 있다. 통계물리학은 숫자 세기다.

우리나라에서 처음 통계물리학 분야를 시작한 과학자는 조순탁(1925~1996)이다. 과천에 있는 국립과학관에는 과학기술인 명예의 전당이 있다. 그곳에 이름을 올린 순수 이론물리학자는 아직까지 이휘소 박사와 조순탁 교수 딱 두 사람이다. 조순탁 교수의 박사 지도 교수는 조지 울런벡이고 울렌백의 지도 교수는 파울 에렌페스트이며 에렌페스트의 지도 교수가 바로 볼츠만이다. 학문적 전통이 볼츠만에 직접 닿아 있는 우리나라에서 통계물리학계의 노벨상, 3년에 한 번 수여하는 볼츠만 메달을 받는 통계물리학자가 머지않아 배출된다면 정말 기쁘겠다.

만약 볼츠만 상수가 지금보다 10배 커진다면

물리학의 볼츠만 상수는 항상 $k_B T$의 꼴로 온도 T와 함께 등장한다. 2019년에 값이 고정된 볼츠만 상수의 값은 다음과 같다.

$$k_B = 1.380\,649 \times 10^{-23}\ \mathrm{J/K}$$

여기서 단위 J/K를 보면 알 수 있듯이 $k_B T$의 단위는 바로 에너지의 단위인 J와 같다. 즉, $E = k_B T$로 적으면 $k_B T$는 온도 T를 에너지 E로 변환하기 위해서 우리가 곱해야 하는 상수라는 것을 알 수 있다. 이처럼 볼츠만 상수는 온도를 에너지로 바꾸는 변환 상수여서 볼츠만 상수가 변하는 것에 맞추어서 온도의 정의를 바꾼다면 우리가 사는 세상에서 변할 것은 하나도 없다. 볼츠만 상수의 값을 절반으로 줄이고 ($k_B/2$), 절대온도의 값을 두 배 늘리면($2T$), $k_B/2 \cdot 2T = k_B T$로 열 현상에 관련된 에너지의 값이 변하지 않기 때문이다. 볼츠만 상수가 달라진 세상은 지금 우리가 사는 세상과 아무런 차이가 없다는 얘기는 달라진 볼츠만 상수에 맞추어서 온도의 정의를 우리가 일관되게 바꿀 때의 이야기다. 만약 온도는 지금과 같은 세상에서 갑자기 볼츠만 상수가 달라지면 어떤 일이 생길까?

볼츠만 상수가 현재의 값보다 10배 커졌는데 온도는 그대로 유지된다면 모든 열 현상에 관련된 에너지의 척도도 10배가 된다. 라면을 끓이려 물의 온도를 올리려고 해도 10배 더 많은 에너지를 투입해야 해서 물이 지금보다 10배의 시간이 지나야 끓고 집에서 내는 전기료는 10배가 된다(우리나라의 전기 사용료는 사용량이 늘어나면 가파르게 늘어나니 10배 이상이 된다).

음식물을 구성하는 물질의 화학적 에너지를 이용해서 살아가는 우리 몸에도 큰 문제가 생긴다. 단순하게 계산하면 10배의 음식물을 먹어야 지금처럼 계속 체온을 유지할 수 있다. 10배의 시간을 기다려 10배나 많은 라면을 먹는 것이 가능해도 여러 문제가 발생한다.

휴대폰도 지금처럼 작동할 수 없다. 반도체는 도체와 달라서 온도에 따라서 흐르는 전류의 양이 달라진다. 반도체 안의 전자는 어느 정도의 에너지 장벽을 넘어서야 전기를 흐르게 할 수 있는데 이때 필요한 에너지를 열에너지의 형태로 공급받는다. 만약 볼츠만 상수가 10배가 되면 반도체에 기반한 모든 전자 장치의 적정 작동 온도는 지금의 1/10이 된다. 이는 절대온도로 약 30 K에 해당한다. 볼츠만 상수가 10배가 된 세상에서는 전자 기기가 아주 높은 온도에서 작동하고 있는 셈이다. 현재 우리가 사는 세상에서 휴대폰이 무려 3000 K의 온도에 있는 것과 같다. 대부분의 전자 기기, 특히 정보를 처리하는 전자 기기는 이렇게 높은 온도에서는 수많은 열역학적 노이즈를 만들어내서 제대로 작동할 수 없다.

흑체 복사도 변한다. 흑체에서 방출되는 에너지가 최대가 되는 전자기파의 파장은 온도에 반비례함을 유도한 바 있다. 볼츠만 상수가 10배가 된 세상은 온도가 10배가 된 것에 해당하므로 태양이 큰 에너지를 전달하는 파장 영역은 지금의 1/10이 된다. 결국 태양이 주로 자외선 영역의 파장을 방출하니 지구의 생명은 살 수 없다. 거꾸로 볼츠만 상수가 지금의 1/10이 되면 태양은 가시광선 영역의 10배의 파장을 가진 전자기파를 방출한다. 주로 적외선 영역의 전자기파만이 지구에 도달하는 환경에서도 지구의 생명은 역시나 살 수 없다.

7장

나는 저항하지 못한다,
전압에

가전에 담긴 암호의 의미

집에서 사용하는 가전 제품을 하나 집어 살펴보자. 220 VAC/60 Hz, 200 W처럼 암호 같은 숫자와 알파벳이 적혀 있다. 도대체 무슨 뜻일까. 처음 나오는 220 VAC에서 AC는 'Alternating Current'라는 두 영어 낱말의 앞 글자 A와 C를 하나씩 딴 건데 값이 플러스와 마이너스를 왔다갔다alternating하는 전류current인 교류 전류라는 말이다. 즉 가전 제품에 적힌 220 VAC는 전압이 220 V(볼트)인 교류 전원에 이 전기 기구를 연결하라는 뜻이다. 마찬가지로 바로 뒤에 나오는 60 Hz(헤르츠)는 교류 전원이 1초에 60번을 주기적으로 왔다갔다한다는 것을 의미한다.

이처럼 플러스와 마이너스를 오르내리는 진동수가 몇 Hz인지 적혀 있으면 전압이 일정한 직류Direct Current, DC

가 아닌 교류 전원일 수밖에 없으니 220 VAC/60 Hz대신 220 V/60 Hz처럼 AC 표시가 빠진 가전 제품도 많다. 가전 제품에 적힌 '220 VAC/60 Hz, 200 W'에서 200 W(와트)는 이 가전 제품을 연결하는 전원에 대한 얘기가 아니라 전기 기구 자체에 대한 얘기여서 이 제품이 소비 전력 200 W라는 비율로 에너지를 소비한다는 말이다. 텔레비전이든 선풍기든 에어컨이든 냉장고든 많은 가전 제품에는 이와 같은 정보들이 써 있다.

전자기파를 처음으로 확인하다

전압의 단위인 V는 이탈리아 물리학자 알레산드로 볼타의 이름을 딴 단위다. 볼타는 화학적인 방법으로 전지를 만든 최초의 과학자다. 볼타 전지라 불리는 이 장치는 구리판과 아연판을 여러 층으로 쌓고 이를 묽은 황산 용액에 넣어 만드는데 층을 여럿으로 늘리면 상당히 큰 전압도 만들 수 있다. 그렇기에 화합물을 전기 분해하는 등 다양한 실험에 성공적으로 이용되었다.

가정용 교류 전원을 표시할 때 V와 Hz를 함께 사용하지만 사실 헤르츠는 볼타보다 한참 후대의 과학자다. 독일 물리학자 하인리히 헤르츠가 물리학 발전에 기여한 가장 훌륭한 업적은 전자기파가 존재함을 입증한 것이었다. 헤르츠는 공간상에 떨어져 있는 두 회로를 만들고 한 회로에서 만들어진 전기 불꽃이 회로 사이에 아무것도 없는데도 두 번째 회로에도 전달되어 전기 불꽃을 만든다는 것을 보여줬다. 1887년에 행해진 헤르츠의 이 실험을 통해 1865년 영국 물리학자 제임스 클러크 맥스웰이 이론적으로 예측한 전자기파가 실제로 존재하며 빈 공간을 가로질러 전파된다는 사실이 확증됐다.

헤르츠의 실험은 이후 장거리 무선 통신을 가능하게 한 물리적 기반이 된다. 그러나 헤르츠는 자신의 실험에 숨은 엄청난 응용 가능성을 전혀 깨닫지 못했다고 전해진다. 단순히 맥스웰의 이론적 예측을 확인한 정도의 가치만 있다고 생각해서 그의 실험이 세상에 어떤 영향을 미칠 것 같냐는 질문에 "글쎄, 아무 영향도"라고 답했다고 한다. 물론 헤르츠의 예상과 달리 현대의 우리는 전자기파를 온갖 목적으로 널리 이용하고 있다. 라디오 방송 전파로 음악을 듣고 휴대전화로 서로 어디서나 통화하며 인터넷에 접속한다. 모두 다 헤르츠가 실험으로 확인한 전자기파 덕분이다.

맥스웰의 방정식

진공에서의 모든 전기와 자기 현상은 네 개의 아름다운 식으로 표시된다. 바로 맥스웰 방정식이다. $\vec{E}$와 $\vec{B}$는 전기장과 자기장이며 ρ와 $\vec{J}$는 각각 전하밀도와 전류밀도다. ε_0와 μ_0는 각각 진공에서의 유전율과 투자율이며 일정한 값으로 주어진 상수다.

(1) $\nabla \cdot \vec{E} = \frac{\rho}{\varepsilon_0}$: 가우스 법칙. 전하밀도가 공간에 만드는 전기장을 결정한다.

(2) $\nabla \cdot \vec{B} = 0$: 전하량과 달리 자기에서는 독립된 자하magnetic monopole가 없어서 자기장이 만족하는 가우스 법칙의 우변은 0이다.

(3) $\nabla \cdot \vec{E} = -\frac{\partial \vec{B}}{\partial t}$: 패러데이 법칙. 시간에 따라 변하는 자기장은 공간에 전기장을 유도한다.

(4) $\nabla \cdot \vec{B} = \mu_0 \vec{J} + \mu_0 \varepsilon_0 \frac{\partial \vec{E}}{\partial t}$: 앙페르-맥스웰 법칙. 우변의 두 번째 항이 0인 경우인 앙페르 법칙은 전류밀도가 어떻게 공간에 자기장을 만드는지 기술한다. 맥스웰은 앙페르 법칙에 전기장의 시간 변화에 대한 항이 추가되어야 한다는 것을 이론적인 접근만으로 밝혔다. 두 항이 모두 들어있는 이 식은 앙페르-맥스웰 법칙이다.

위의 식에 전하밀도와 전류밀도가 0인 상황을 가정하고 또 x방향으로 진동하는 전기장이 z방향으로 진행하는 경우를 생각하면 $\frac{\partial^2 E_x}{\partial z^2} = \varepsilon_0 \mu_0 \frac{\partial^2 E_x}{\partial t^2}$의 수식을 얻을 수 있다. 이를 일반적인 파동방정식 $\frac{\partial^2 f}{\partial z^2} = \frac{1}{c^2} \frac{\partial^2 f}{\partial t^2}$과 비교하면 전자기파가 파동의 형태를 가지면 그 진행 속도는 $c = \frac{1}{\sqrt{\varepsilon_0 \mu_0}}$라는 것을 알게 된다. ε_0와 μ_0를 이 식에 대입해서 전자기파의 진행 속도를 구하면 그 값이 바로 빛의 속도가 된다. 결국 우리 눈에 보이는 가시광선인 빛도 전자기파의 한 종류일 뿐이다. 물리학자들은 맥스웰 방정식에서 '빛'을 본다.

헤르츠의 전자기파 실험

헤르츠는 1887년 두 개의 금속 구에 연결된 두 전선을 작은 간격을 두어 나란히 늘어놓고(**그림 7**) 높은 전압의 펄스를 이용해서 중간 틈에서 전기 스파크를 만들었다. 이 송신 장치에서 만들어진 전자기파는 공간을 가로질러 근방에 놓인 원 모양 수신 장치에 전달되는데 그럼 다시 수신 장치에서 전기 스파크가 만들어진다. 송신 장치에서 생성된 전자기파가 공간을 가로질러 수신 장치에 전달된다는 점을 보여 맥스웰의 방정식이 예측한 전자기파의 존재를 처음 확인한 멋진 실험이다.

그림 7 헤르츠 실험의 송신 장치(위)와 수신 장치(아래)

기본 단위에서 유도된 단위

전압의 단위인 V와 진동수의 단위인 Hz는 일곱 개로 딱 정해진 국제 표준 단위계SI에는 들어 있지 않다. 이처럼 기본 단위로부터 유도되는 단위들은 'SI 유도 단위'라고 부른다. 전자기파도 파동의 한 종류로서 다른 파동들과 마찬가지로 진동수와 파장으로 그 특성을 기술할 수 있다. 만약 주기가 0.1 s인 파동이라면 그 진동수는 주기의 역수가 되어 10/s이다. 0.1초에 한 번 진동하면 1초에는 10번 진동하니까 말이다. 아무런 매질이 없어도 공간상에 전파되는 파동인 전자기파를 발견한 헤르츠의 업적으로 파동이 가진 진동수의 단위는 Hz라고 불리게 되었다. 즉 1 Hz=1/s가 되어 SI 기본 시간 단위인 s를 이용해 적을 수 있다.

전압의 단위인 V에 얽힌 이야기는 더 복잡하다. 사실 물리학자들은 우리가 일상에서 흔히 쓰는 전압보다는 전위 혹은 전기퍼텐셜이라는 용어를 더 좋아한다. 전위를 전기의 압력을 뜻하는 전압이라고 비유해 말하는 것은 상당히 그럴듯하다. 물이 든 파이프의 왼쪽과 오른쪽 압력에 차이가 있으면 압력이 높은 쪽에서 낮은 쪽으로 물이 흐른다. 도선의 왼쪽과 오른쪽 전위에 차이가 있으면(즉 전압이 차이가 나면) 전압이 높은 쪽에서 낮은 쪽으로 전류가 흐르는 것도 마찬가지다.

하지만 엄밀히 얘기하면 전위는 힘을 면적으로 나눈 압력과는 다르다. 전위의 단위는 V, 압력의 단위는 Pa(파스칼)로 쓰는 것을 봐도 전위와 압력은 엄연히 다른 양이다. 수압은 압력이지만 전압은 압력이 아니다. 전자기학에서 전위는 전기에너지를 전하량으로 나눈 것으로 정의한다. 즉 단위가 V인 전위에 단위가 C(쿨롬)인 전하량을 곱한 것이 단위가 J(줄)인 에너지가 되므로 1 V·C=1 J이다. SI 단위계에서 1 J은 질량 1 kg인 물체를 가속도 1 m/s^2으로 1 m를 움직이는 경우에 필요한 에너지이므로 1 J=1 $kg\cdot m^2/s^2$이 되어서 결국 1 V=1 $kg\cdot m^2/C\cdot s^2$이다.

얼핏 보면 이제 전위의 단위인 1 V를 SI 기본 단위만으로 식의 오른쪽에 모두 풀어쓴 것 같지만 사실 아직 얘기가 끝난 것이 아니다. 흥미롭게도 전하량의 단위인 C가 SI 기본 단위가 아니기 때문이다. 7개의 SI 기본 단위 중 하나는 전하량의 단위인 C가 아니라 전류의 단위인 A(암페어)다.

같은 크기의 전류가 흐르는 평행한 긴 도선 사이에는 힘이 작용한다. 1 A는 1 m 떨어져 있는 평행한 두 개의 도선 사이에 길이 1 m당 2×10^{-7} N(뉴턴)의 힘이 작용할 때의 전류의 양이다. 1948년에 SI 기본 단위로 약속했다. 이렇게 약속한 1 A의 정의와 1 A=1 C/s임을 이용하면 다음과 같이 적힌다.

$$1\,V = 1\,kg \cdot m^2/s^3 A$$

사실 이렇게 적어야 1 V를 SI의 기본 단위만으로 정확히 표시한 것이긴 하지만 많은 물리학자는 보통은 1 V를 1 C의 전하가 1 J의 전기에너지를 가질 때의 전위차(즉 1 V=1 J/C)로 기억한다.

220 VAC/60 Hz의 전원이 공급하는 전압은 위에서 얘기한 것처럼 1초에도 60번씩이나 플러스와 마이너스 값을 왔다갔다 주기적으로 왕복한다. 이렇게 변덕이 죽 끓듯 오르락내리락하는 전압을 시간에 따라 그래프로 그려보면 값이 계속 변하니 도대체 전압이 얼마인지를 얘기한다는 것이 좀 이상해 보인다. 어떨 때는 값이 0 V이었다가도 잠시 뒤에는 10 V가 되기도 하고 또 어떨 때는 −100 V로 마이너스의 값을 갖기도 해서 딱 정해진 값이 아니기 때문이다.

우리나라의 가정에 공급되는 전압이 220 V라고 할 때의 220 V는 일종의 전압의 시간에 대한 평균값이다. 플러스와 마이너스를 같은 모양으로 왕복하는 교류 전압의 평균을 단순히 구하면 당연히 0이다. 220 V라고 하는 것은 시간에 따라 변하는 전압을 그냥 평균 내는 것이 아니라 좀 희한한 순서로 평균을 낸 것이다. 제곱평균제곱근(영어로는 root-mean-square, rms)이라고 불리는데 그 말뜻은 바로 먼저 제곱하고square, 평균 내고mean, 그리고는 마지막에 제곱근root을 구하라는 말이다.

발전소에서 만들어져서 가정에 전송되는 전압은 시간에 대해서 삼각함수 중 하나인 사인함수의 꼴로 적힌다. -1과 1 사이를 왔다갔다하는 사인함수를 시간의 한 주기에 대해 제곱해서 평균 내면 값이 1/2이 되고 그 제곱근은 $1/\sqrt{2}$이 된다. 즉 가정에 공급되는, 시간에 따라 변하는 전압의 순간 최댓값이 만약 A라면 전압의 제곱평균제곱근값은 $A/\sqrt{2}$이 된다. 따라서 우리나라에서 가정에 공급되는 전압의 순간 최댓값은 220 V의 $\sqrt{2}$배인 약 311 V이다. 이처럼 순간적으로는 220 V보다 큰 전압도 얼마든지 가능하다. 시시각각 변하는 전압의 제곱평균제곱근을 구해 전원의 전압을 표시하는 것에는 상당히 편한 점이 있다. 전기 기구가 소비하는 단위 시간당 에너지인 전력의 시간 평균값을 바로 이 전압의 제곱평균제곱근으로 쉽게 구할 수 있기 때문이다. 전력은 시간당 소비하는 에너지여서 전력에 사용한 시간을 곱하면 전기 기구가 얼마나 많은 에너지를 사용하는지 알 수 있다. 전력의 단위인 W에 시간의 단위인 s를 곱한 것이 전기 장치가 사용하는 에너지인데 보통의 전력은 1 W가 아닌

1000 W(=1 kW)의 단위로, 그리고 시간은 1초가 아닌 1시간을 단위로 재서 kWh를 전기에너지의 소비량을 잴 때 많이 쓴다.

가정의 전기 요금은 전력 사용량에 따라 구간별로 1 kWh당 요금이 다르게 적용되는 누진제로 정해진다. 구간별로 달라지지만 1 kWh당 100원에서 200원 정도로 간편하게 기억할 수 있다. 소비전력 2000 W인 에어컨을 여름 한 달 내내 하루에 5시간씩 켜면 전체 소비 전력은 (2 kW)·(5 h)·(30일)=300 kWh가 된다. 전체 소비 전력에 따라 다르겠지만 대충 에어컨을 켜서 더 내는 전기 요금은 3만 원에서 6만 원 정도인 셈이다. 같은 전기 요금으로 선풍기를 대신 튼다면 무려 40대를 틀 수 있고 에어컨 끄고 선풍기 한 대로 하루 다섯 시간, 한 달을 버티면 전기 요금은 한 달 1000원 정도에 불과하다. 우리 모두가 에어컨을 끄고 선풍기를 켠다면 우리나라 전체로 보면 엄청난 에너지를 절약할 수 있다. 이런 모두의 노력이 모인다면 발전소를 더 건설하지 않아도 되지 않을까?

만약 전압이 지금보다 크거나 낮아진다면

전류와 전압은 각각 단위 시간당 전하의 흐름과 전하의 전기에너지에 관련된다. 둘이 달라진 세상은 결국 전하가 다른 세상이고 특히 전자의 전하량이 달라진 세상이다. 물리학의 기본 상수로서의 전자의 전하량에 대한 이야기는 다음 8장에서 이어지니, 7장에서는 전하와 같은 물리학의 기본 상수는 그대로 유지되면서, 우리가 이용하는 전기의 전압이 다른 세상을 상상해 보자.

우리나라에서 가정용 전기의 전압은 110 V로 유지되다가 1973년 220 V로 높아졌다. 그 이유는 높은 전압을 이용하면 전력 수송 과정에서의 에너지 손실을 줄일 수 있기 때문이다. 가정에서 사용할 전력을 P라고 하고, 공급되는 전원의 전압을 V라고 하자. 가정으로 흘러들어오는 전류를 I라고 하면, $P=VI$가 바로 가정의 소비 전력이다. 교류 전원의 경우에는 위의 식에서 V와 I를 제곱평균제곱근으로 계산하면 된다. 가정의 소비 전력이 주어져 있을 때 전력 수송 과정에서의 전력 손실은 전선의 저항 R과 전선을 통해 흐르는 전류 I를 이용해서 $P_R=I^2R$로 표현되며 이를 가정의 소비 전력 P로 바꿔 적으면 $P_R = IR = (P/V)^2 R = P\frac{R}{V^2}$이 된다. 즉 전선의 저항이 주어져 있고 가정에서 이용하는 전력이 일정한 경우 전압을 높이면 전선에서 낭비되는 전력 손실을 줄일 수 있다. 게다가 전압을 2배로 높이면 전력 손실은 1/4로 크게 줄어든다는 것도 알 수 있다.

고압 전원이 에너지 손실을 줄이는 유용한 방법이므로 가정용 전원의 전압은 높을수록 효율적이다. 하지만 전압이 높아지면 감전 시 인체가 큰 피해를 입는 위험도 함께 커지는 문제가 있다. 우리가 매일 같이 이용하는 전원 플러그를 보면 알 수 있듯이 가정에는 두 전선을 통해 교류 전압을 제공한다. 이 두 전선 사이에 저항이 R인 무언가를 직렬로 연결하면 흐르는 전류의 크기는 $I = V/R$이 된다. 인체의 어느 부위가 연결되는지에 따라 값이 많이 다르지만 인체의 전기 저항을 5 000 Ω (옴)*정도로 거칠게 어림하면 220 V의 가정용 전원에 감전될 때 흐르는 전류는 0.04 A 정도이다.

한편 물에 젖거나 하면 인체의 저항은 1/10~1/25 정도로 줄어들고, 따라서 흐르는 전류는 심지어 1 A까지 커질 수 있는데 이 정도의 전류가 인체에 흐르면 사람은 사망한다.

---

* 직류 회로에서 전류(I)와 전압(V)은 옴의 법칙 $V = IR$로 기술된다. 이 식의 비례 상수 R이 저항이다. 저항의 단위인 1Ω은 1 V의 전위차가 있을 때 1 A의 전류가 흐르는 경우의 전기 저항이다.

에너지 손실을 줄이겠다고 현재의 가정용 전원의 전압을 지금의 10배로 하면 몸을 따라 흐르는 전류가 10배가 되어 감전 사고의 위험이 아주 커진다. 결국 가정용 전원의 적정 전압은 안전과 효율을 함께 고려해 정해진다. 전압이 지금보다 낮은 세상에서는 에너지 손실이 커지고 지금보다 전압이 높은 세상에서는 사람들이 위험해진다.

8장

우리 사이를 멀어지게 한 건 전자다

우리 일상의 지배자

이 세상에 존재하는 가장 근본적인 상호 작용에는 네 가지가 있다. 중력, 전자기력, 약한 핵력, 그리고 강한 핵력. 이 중 세 번째와 네 번째인 약한 핵력과 강한 핵력은 그 힘이 미치는 거리가 원자핵 하나 크기 정도에 불과해서 일상에서 직접 피부로 느끼고 눈으로 보기 어렵다. 질량이 있는 두 물체 사이에 항상 존재하는 중력은 그 크기가 아주 작아 지구나 달 같이 커다란 천체를 다루는 경우가 아니라면 보통은 무시할 수 있을 정도다. 휴대전화를 집어들 때마다 우리는 이 커다란 지구 전체가 휴대전화를 아래로 잡아끄는 중력에 대항하여 보잘것없이 작은 팔의 근육으로 대등하게 버티고 있는 셈이다.

지구와의 팔씨름에서 우리는 근육에서 나오는 힘을 이용

한다. 그럼 근육의 힘은 네 가지 근본적인 상호 작용 중 어디에 해당할까? 약한 핵력, 강한 핵력은 작용 거리가 너무 짧아 답이 아니다. 중력은 워낙 약하니 무시하자. 답은 남은 하나인 전자기력이다. 앞으로 누가 "이건 도대체 네 가지 상호 작용 중 어떤 힘인가요?"하고 물으면 아무 생각 없이 그냥 전자기력이라고 답해도 백에 구십구는 정답이다.

손가락으로 치면 앞으로 나아가는 책상 위 지우개를 멈추게 하는 마찰력, 높은 데서 멋있는 동작으로 점프한 다이빙 선수의 물속 속력을 줄여주는 저항력, 중고등학교 물리학에서 자주 듣는, 책상이 그 위에 놓인 물체를 중력에 반해 위로 미는 수직항력, 잡아늘인 스프링이 다시 원래 길이로 돌아가려는 복원력, 화학 시간에 들어 봤을 반데르발스 힘, 모두 다 마찬가지다. 우리 눈 앞에 펼쳐지는 세상을 지배하는 것은 전자기력이다.

경험으로 아는 오래된 지식

전자기력은 아주 오래전부터 알려져 있었다. 서양 철학의 역사에서 가장 먼저 등장하는, 아리스토텔레스가 '철학의 아버지'라 부른 자연철학자 탈레스도 호박을 양모에 문지르면 호박이 머리카락과 같은 가벼운 물체를 잡아당긴다는 사실을 알고 있었다고 전해진다. 밥상에 반찬으로 오르는 호박이 아니다. 소나무에서 나오는 나뭇진이 굳어 만들어진, 지금도 보석의 한 종류로 거래되는 호박을 얘기하는 거니까 냉장고에서 호박을 꺼내 문지르지는 말자.

내가 어릴 때는 공책 사이에 넣어 쓰는 플라스틱 책받침이 전기력을 눈으로 보기에는 제격의 도구였다. 옷을 입고 책받침을 겨드랑이에 껴서 여러 번 문지르다 머리 위에 가까이 대면 머리카락이 위로 곤두서는 모양을 볼 수 있다.

우리 눈으로 직접 볼 수 있는 전기력, 그리고 전기력을 만드는 근원이 되는 전하가 체계적으로 연구되기 시작한 것은 1600년 즈음부터다. 영국 과학자 윌리엄 길버트가 바로 전기를 의미하는 라틴어 단어 '엘렉트리쿠스electricus'를 처음 사용한 사람인데, 이 단어는 그리스어로 호박amber을 뜻하는 '엘렉트론elektron'을 의미한다. 즉 전기를 뜻하는 영어 단어 'electricity'의 어원이 바로 탈레스가 전기력의 작용을 눈으로 본 호박이라는 말이다. 호박을 양모에 문지르거나 책받침을 옷에 문지르면 도대체 왜 그런 일이 생기는 걸까.

이에 대한 정확한 답을 알아가는 여정은 쉽지 않았다. 프랑스의 화학자 샤를 듀페이는 호박을 양모에 문지르면 호박이 가지는 전기와, 유리를 비단에 문지르면 유리가 가지는 전기가 서로 다르다는 점을 관찰하여 전기에는 두 가지 종류가 있다는 것을 알아냈다. 하지만 듀페이는 이 두 종류의 전기가 질적으로 다르다고 생각해서 호박과 같은 수지에 생기는 전기를 수지전기, 유리에 생기는 전기를 유리전기라 불렀다. 이 두 가지 유형의 전기가 결국은 동전의 양면처럼 한 종류의 무엇인가가 더 많거나 적은 것을 의미한다는 사실은 미국 건국의 아버지 벤저민 프랭클린에 의해 밝혀졌다.

호박과 유리가 서로 다른 전기를 띠도록 만드는 그 무엇이 바로 전기 전하다. 벤자민 프랭클린은 호박을 양모에 문지르면 전기 전하가 호박에서 양모 쪽으로 옮겨가서 호박이 음의 전기를 띠고, 유리를 비단에 문지르면 전기 전하가 이번에는 비단에서 유리로 옮겨가 유리가 양의 전기를 띤다고 설명했다. 기억할 것이 있다. 호박이 띤 전기를 음으로, 유리가 띤 전기를 양으로 부르는 것은 순전히 우연에 의해 결정되었다는 점이다. 양(플러스)과 음(마이너스)을 바꿔 유리의 전기를 음으로, 호박의 전기를 양으로 불러도 전기에 대한 실험을 설명하는 데는 아무 문제가 없다.

전기란 무엇인가

전기적으로 중성인 두 물질을 서로 문지르면 하나에서 다른 하나로 옮겨가는 그 무엇, 그리고 전류가 흐르는 도선 안에서 움직이는 그 무엇이 도대체 뭘까에 대한 이해는 19세기 후반에 등장한 물리학자들에 의해 조금씩 이루어졌다. 우리가 현재 전자라고 부르는, 음의 전하량을 가진 입자의 이름을 붙인 사람은 아일랜드의 물리학자 조지 스토니라고 알려져 있다. 그가 1881년에 처음 제안한 이름은 사실 전기를 띤electric 이온ion을 의미하는 '일렉트리온electrion'이었는데, 이후 i가 빠져서 지금 사용되는 '일렉트론electron'이 되었다. 과거의 그리스인이 현대 물리학자들이 나누는 대화를 엿듣는다면 저 사람들이 왜 자꾸 호박(그리스어로 엘렉트론) 얘기를 할까 궁금해할 것이라는 상상도 해본다.

사실 전자의 전하량을 음으로 하든 양으로 하든 물리학은 아무것도 달라지지 않는다. 아마도 우연이겠지만 벤저민 프랭클린이 처음 제안한 전하 부호 약속에 따라 하필이면 전자의 전하량이 음(마이너스)으로 고정되었을 뿐이다. 보통의 금속에서 전류를 흘려주는 역할을 하는 전하는 다름 아닌 음의 전하량을 갖는 전자인데 전류의 방향은 또 양의 전하가 움직이는 방향으로 약속되어 있어서 학생들을 헷갈리게 한다. 즉 전류가 도선의 왼쪽에서 오른쪽으로 흐를 때 벌어지는 일은 전자가 오른쪽에서 왼쪽으로 움직이는 것이다. 그뿐 아니라 물리학의 어떤 교과서에서는 전자의 전하량을 그냥 e로 적고(즉 $e<0$), 다른 교과서에서는 전자의 전하량을 $-e$로 적기도(즉 $e>0$)한다. 이 모두가 다 프랭클린이 제안한 전하 부호 약속 때문이다. 나도 가끔 헷갈릴 때가 있다. 프랭클린이 제안한 전기의 부호가 뒤집혀서 전자의 전하량이 양으로 약속되었다면 참 좋았을 텐데.

공간에 자기장을 만드는 원인이 되는 전류는 도선을 따라 움직이는 전기 전하의 흐름이다. 전기와 자기 현상은 맥스웰 방정식(7장 참조)에 의해서 하나의 통합된 이론 틀로 이해할 수 있어서 현대 물리학에서는 전기력과 자기력을 합해서 전자기력이라 부른다.

사실 네 개의 맥스웰 방정식에 더해서 전기장($\vec{E}$)과 자기장($\vec{B}$) 안에서 전하(q)를 가지고 있는 입자가 어떤 힘을 받는지도 알아야 물체의 움직임을 제대로 이해할 수 있다. 로렌츠의 힘이라 불리는 $\vec{F}=q(\vec{E}+\vec{v}\times\vec{B})$가 바로 그것이다. 로렌츠의 힘을 넣어서 뉴턴의 운동방정식 $\vec{F}=m\vec{a}$를 풀면 전하를 띠고 일정한 속력(v)으로 움직이는 전자가 자기장 안에 놓여 있으면 자기력을 받아 자기장의 방향에 수직인 면 위에서 원운동을 한다는 점을 알 수 있다. 영국 물리학자 조지프 톰슨은 바로 이를 이용했다. 기체가 들어 있는 유리관의 음전극에서 나오는, 자기장의 영향으로 둥근 모양의 방전 불빛을 보이는 음극선을 관찰했고 이로부터 전자의 질량과 전하량의 비(m/e)를 성공적으로 측정했다.

전자의 질량과 전하량의 비를 측정한 톰슨의 실험

전류가 같은 방향으로 흐르는 두 개의 원형 코일을 위와 아래에 두면 둘 사이에 있는 원기둥 모양의 공간에 거의 균일한 자기장을 만들 수 있다. 독일의 물리학자 헤르만 폰 헬름홀츠의 이름을 따서 헬름홀츠 코일이라고 부르는 장치다. 속력이 v인 전자를 헬름홀츠 코일의 내부에 보내면 이 전자는 로렌츠의 힘을 받아 원운동을 한다.

톰슨은 이 실험을 통해서 전자 원운동의 궤도 반경을 측정해 전자의 전하량 e와 질량 m의 비율 e/m를 처음 알아냈다. 먼저 전위차 V로 음극선관에서 방출된 전자를 가속한다. 전위차가 있는 영역을 통과한 전자의 속도는 에너지 보존 법칙 $\frac{1}{2}mv^2=eV$으로부터 $v=\sqrt{\frac{2eV}{m}}$로 주어진다. 한편 로렌츠의 힘의 수식을 전기장은 없고 균일한 자기장 B만 있는 경우에 대해서 적으면,

$evB = m\frac{v^2}{r}$ 를 만족하는 전자의 원운동을 확인할 수 있다. 이로부터 $\frac{e}{m} = \frac{v}{rB}$ 를 얻고 이 식에 $v = \sqrt{\frac{2eV}{m}}$ 를 대입하면 전자의 전하량과 질량의 비율을 전자 원운동의 궤도 반지름 r을 측정해서 알아낼 수 있다. 톰슨은 바로 이 실험을 통해서 전자가 질량과 전하를 가진 입자라는 점을 명확히 보여주었다.

내가 대학생일 때 톰슨의 실험을 이용해서 전자의 질량과 전하량의 비를 측정했었다. 불이 꺼진 실험실에서 희미하게 빛나던 전자의 방전 불빛이 정말 예뻤다. 그리고 우리가 물리학 지식을 이용해서 이토록 작은 입자의 질량과 전하량에 대해 이야기하고 측정할 수 있다는 사실이 정말 경이롭다고 느꼈다.

대학생 때 전자의 전하량에 대해 기억나는 실험이 하나 더 있다. 바로 미국의 물리학자 로버트 밀리컨이 기름 방울을 이용해서 한 실험이다. 전하를 띤 기름 방울에 작용하는 중력, 걸어준 전기장에 의한 전기력, 그리고 움직이는 기름 방울에 작용하는 공기의 저항력을 함께 이용해서 기름 방울의 전하량을 측정한다. 대전된 기름 방울들의 전하량을 재보면 어떤 값의 정수배라는 점을 알 수 있고 이를 이용해서 전자의 기본 전하량 e를 계산했다. 이 실험에 관한 나의 결론은 '밀리컨은 정말 눈이 좋았다'였다. 눈에 보이는 그 많은 기름 방울 중 하나를 추적하면서 그 속도를 잰다는 것이 정말 어려웠기 때문이다. 나처럼 실험에 영 소질이 없는 사람이 아니라면 물론 좋은 결과를 얻을 수도 있다.

원자, 원자핵, 그리고 전자

톰슨은 전자의 질량과 전하를 측정했을 뿐 아니라 전기적으로 중성인 원자가 어떻게 구성되어 있는지에 대한 모형도 제시했다. 원자는 마치 건포도가 군데군데 박힌 맛있는 식빵 같은 형태라서 건포도가 바로 원자가 지닌 음의 전하량을 띤 전자에 해당하고, 건포도가 박힌 하얀 빵 부분에 양의 전하가 널리 퍼져 있다고 생각한 것이 톰슨의 모형이었다.

이 모형에 문제가 있어 실제 원자가 이런 형태일 수 없음을 명확히 보여준 사람은 영국 물리학자 어니스트 러더퍼드다. 러더퍼드는 1911년 알파입자 산란 실험을 발표했다. 물리학과 학생이면 누구나 배우는 고전역학에서도 소개되는 이 산란 실험의 결과에 의하면 톰슨의 모형처럼 양의 전하가 넓은 영역에 고루 퍼져 있을 수는 없으며 원자 내부의 아주 작디작은 영역에 양의 전하가 조밀하게 모여 있어야 한다는 것을 알 수 있다. 러더퍼드의 원자 모형에서 원자핵 크기는 약 10^{-15}m에 불과하고 원자의 크기는 약 10^{-10}m 정도다. 원자핵을 지름이 10 cm 정도인 잠실 야구장에 놓인 야구공으로 생각하면 원자 주변의 전자는 야구장에서 10 km 정도 떨어진 서울시청쯤에 있는 셈이다. 그리고 둘 사이는 아무것도 없는 진공이다.

이처럼 원자핵과 전자 사이에는 아무것도 없으니 원자는 정말 말 그대로 텅텅 비어 있다. 그럼에도 손뼉을 치면 왼손과 오른손이 서로를 뚫고 지나치지 못하는 이유는 둘 사이에 서로 밀어내는 힘이 작용하기 때문이다. 전자로 둘러싸인 두 원자가 가까이 오면 두 원자 사이에는 서로 밀치는 힘이 작용한다. 또 뜨거운 햇볕을 손바닥으로 막아 그늘을 만들 수 있듯이 텅텅 빈 원자로 이루어진 손바닥이 투명하지 않은 이유도 바로 전자기적인 상호 작용 때문이다. 전자기파의 일종인 가시광선은 원자를 이루는 전자들에 의해 산란되어 손바닥을 뚫고 똑바로 나아가지 못한다. 도대체 전자가 어떤 형태로 원자 내부에 있는지에 대한 의문의 답은 이후 등장한 양자역학이 맺게 된다.

만약 전자의 전하량이 엄청나게 커지거나 작아진다면

현재 전자의 전하량은 $e=-1.602\ 176\ 6208(98)\times10^{-19}$ C이다. 괄호 안의 98은 불확도를 뜻해서 그 앞 마지막 숫자 08의 위아래로 98 정도의 오차가 존재한다는 뜻이다. 거시적인 크기의 물체가 가진 1 C 정도의 전하량에 비하면 전자의 전하량은 이처럼 아주 작다. 만약 전자의 전하량이 아주 크면 우리는 어떤 모습의 세상을 보게 될까?

만약 전자의 전하량이 약 10^{19}배로 커져서 1 C이 되면 두 전자 사이에 작용하는 쿨롱의 전기력은 지금보다 무려 10^{38}배로 늘어나고 1 m의 거리로 떨어진 두 전자 사이의 힘은 약 10^{10} N이 된다. 이 힘은 무려 10^{9} kg의 질량(100만 톤의 질량)에 작용하는 중력 정도의 크기다. 우리 몸을 구성하는 수많은 원자 중 극히 일부라도 전자를 뺏기거나 얻어서 전하를 띠게 되면 우리 세상에는 엄청난 크기의 전기력이 작용한다. 나란히 앉은 두 사람은 엄청난 속도로 만나서 충돌하거나 엄청난 속도로 멀어지게 된다.

미시적인 세상의 모습도 급격히 달라진다. 수소 원자의 원자핵에서 전자까지의 평균 거리를 '보어 반지름'이라고 한다. 정확한 계산은 양자역학을 이용해야 하지만 고전역학과 보어의 원자 모형을 이용해서 보어 반지름을 간편하게 추정할 수 있다. $+e$의 전하량을 띤 원자핵과 $-e$의 전하량을 띤 전자를 생각하면 전자에 작용하는 쿨롱의 전기력은 구심력으로 작용해서 전자의 원운동은 $m\frac{v^2}{r}=\frac{1}{4\pi\varepsilon_0}\frac{e^2}{r^2}$을 만족해서 $v^2=\frac{1}{4\pi\varepsilon_0}\frac{e^2}{mr}$를 얻는다. 또 전자의 궤도 둘레가 드 브로이의 물질파 파장의 정수배가 된다는 보어의 양자화 조건을 적용하면 $2\pi r=\lambda$로 적을 수 있고 물질파의 파장은 $\lambda=\frac{h}{mv}$로 주어지므로 결국 $2\pi r=\frac{h}{mv}$이고 따라서 $v=\frac{h}{2\pi rm}$이다. 이 식을 위에서 원운동에 대해 얻은 식과 비교하면 $v^2=\frac{1}{4\pi\varepsilon_0}\frac{e^2}{mr}=\frac{h^2}{4\pi^2m^2r^2}$이므로 간략히 추정한 보어 반지름은 $r=\frac{4\pi\varepsilon_0\hbar^2}{me^2}$이 된다($\hbar=\frac{h}{2\pi}$). 만약 전자의 전하량이 10^{19}배로 커지면 보어 반지름은 현재의 값에서 무려 10^{38}배로 줄어든다. 보어 반지름뿐 아니라 모든 원자의 크기가 이렇게 줄어든 세상이 될 것이다. 세상 모든 게 동시에 줄어든다.

전자의 전하량이 달라지면 세상의 크기도 변하지만 에너지의 척도도 변한다. 수소 원자의 전자가 가지는 에너지를 쿨롱의 전기 퍼텐셜에너지로 어림하면 $E\propto\frac{e^2}{r}$로 적힌다. 한편 앞에서 생각한 보어 반지름을 생각하면 $r\propto\frac{1}{e^2}$이므로 결국 수소 전자의 에너지는 e^4에 비례한다. 따라서 전자의 전하량이 10^{19}배 만큼 커지면 원자의 에너지 준위에 관련된 모든 에너지가 무려 10^{76}배로 늘어난다. 이렇게 엄청나게 커진 에너지의 척도를 생각하면 이 이상한 세상에서는 어떤 원자도 가장 에너지가 낮은 바닥 상태를 벗어날 수 없다. 바닥 상태 바로 다음의 에너지 상태에 도달하려면 현재의 우주보다 무려 10^{76}배가 늘어난 에너지가 필요하기 때문이다. 원자 폭탄의 에너지를 약 1 GJ로 추정하면 딱 원자 하나가 바닥 상태에서 들뜬 상태로 바뀌려면 약 10^{48}개의 원자 폭탄이 필요하다. 이럴 수는 없으니 양자역학에 기반한 휴대전화 같은 모든 전자 기기는 작동할 수 없다. 아, 물론 그전에 우리 사람이 지금의 모습으로 진화할 수도 없겠지만.

9장

우주보다 먼저 존재한?

외계인과 의사소통을 하려면

옆에 앉은 친구가 옆구리를 찌르면서 얘기한다. "2시 방향 물리 선생님 출현." 이 말을 들은 우리는 어디를 봐야 물리 선생님이 보이는지 안다. 하지만 외계의 지적 생명체에게 이렇게 방향을 알려주면 전혀 이해를 못할 것이다. 시계의 시침은 12시간에 한 바퀴 회전하고 따라서 2시 방향은 한 바퀴의 1/6(=2/12)에 해당하는 방향이라는 약속을 모른다면 아무리 똑똑한 사람이라도 '2시 방향'이 어느 방향인지 알 수 없다.

마찬가지로 하루가 24시간이라는 것도 약속이다. '자축인묘진사오미신유술해'가 모두 몇 글자인지 세어보면 알 수 있듯이 우리나라를 포함한 한자 문화권에서는 하루가 12시간이었다. 중국에서는 지금도 서양에서 도입된 1시간을 작은 1시간이라는 뜻인 소시小時로 불러 하루를 12로 나눴던 과거의 1시간과 구별한다.

자, 하루가 24시간임을 모르는 외계인에게 2시 방향을 어떻게 알려줘야 할까. 시침이 1시간 동안 움직이는 각도를 재보면 30°니까 60° 방향을 보면 된다고 하면 이해할까. 이것도 문제가 있다. 빙글 한 바퀴를 도는 것에 해당하는 각도가 360°라는 것을 외계인이 알 리가 없다.

360이라는 신비한 숫자

한 바퀴가 360°라는 것도 약속이다. 흥미로운 사실은 360이 지구가 태양을 한 번 공전하는 1년의 길이인 365일과 상당히 비슷한 숫자라는 것이다. 고대 문명의 초기 달력에서는 1년을 360일로 약속하기도 했다. 계절이 돌아와 다시 반복하는 1년의 시간적인 순환과 원의 둘레를 따라 한 바퀴 도는 공간적 순환에 같은 값 360을 쓴다는 점은 지금 봐도 자연스러워 보인다.

《삼국유사》에 따르면 환웅은 환인의 서자로 하늘에서 땅을 내려다보면서 인간 세상에 뜻을 두었다고 한다. 환인은 아들의 뜻을 알고 환웅에게 천부인 3개를 주고 인간 세상에 내려가 다스리도록 했다. 환웅은 풍백風伯, 우사雨師, 운사雲師와 삼천 명의 무리를 거느리고 태백산 정상의 신단수 아래로 내려와 곡식, 수명, 질병, 형벌, 선악 등 인간의 360여 가지 일을 주관하며 세상을 다스렸다. 하필 360여 가지라고 숫자를 지정한 것을 보면 우리나라에서도 고대부터 1년의 길이가 360일 정도라는 어림으로부터 360이 만물을 뜻한다고 여겼던 것 같다.

360은 60보다 약수가 많아서 무려 24개의 약수를 가지고 10보다 작은 수 중 딱 7 하나만 제외하면 어떤 수로도 나누어 떨어진다. 따라서 한 바퀴를 360이라는 숫자에 대응시키면 전체의 절반에 해당하는 각도나 전체의 1/3, 1/4, 1/5, …… 등을 쉽게 자연수로 표현할 수 있는 이점이 있다. 고대의 마야 문명은 흥미롭게도 20진법을 썼는데, 20^2의 자리는 $20^2-2\times20=360$을 대신 이용했다고 한다. 이들도 360의 매력을 알고 있었다는 의미다.

한 바퀴가 360°라는 지구인의 약속을 알 턱이 없는 외계인에게 어떻게 각도를 알려줄 수 있을까. 사실 원을 빙 둘러 한 바퀴를 도는 것에 해당하는 각을 무엇이라 할지 정할 수 있는 보편적인 방법이 있다. 아무리 외계인이라도 '원'은 안다. 왜냐하면 원은 '평면상에 주어진 한 점으로부터의 거리가 일정한 점들의 집합'이라서 '거리'를 안다면 당연히 '원'

도 알 텐데 지성이 있는 외계인이라면 당연히 '거리'를 재는 그 나름대로의 방법이 있을 것이 분명하니까 말이다.

평면상에 존재하는 도형 중 원이 특별한 이유가 있다. 원은 지름을 뜻하는 숫자 딱 하나만 가지고 그 모양이 결정될 뿐 아니라 모든 원은 서로 닮아서 크기를 줄이거나 늘려도, 심지어는 평면 위에서 이리저리 돌려도 늘 같은 모양이다. 바로 이를 이용해 아주 특별한 숫자를 하나 정의할 수 있다. 바로 원주율 π다. '주변' 혹은 '둘레'를 의미하는 영어 단어 'periphery'의 첫 알파벳 'p'에 해당하는 그리스 알파벳 'π'를 원주율을 뜻하는 기호로 쓰자는 제안을 널리 퍼뜨린 사람은 오일러의 공식 $e^{i\pi}+1=0$(중요한 다섯 개의 상수 e, i, π, 1, 0이 함께 들어 있는 정말 주옥같은 식이다)을 만든 수학자 레온하르트 오일러다.

오일러 공식의 매력

오일러의 공식 $e^{i\pi}+1=0$에는 모두 다섯 개의 숫자가 등장한다. 먼저 0은 덧셈의 항등원이다. 어떤 수라도 0을 더하면 전혀 변하지 않는다는 뜻이다. 만약 외계 문명이 정수와 덧셈을 발견할 정도의 수학을 알고 있다면 낫 놓고 기역자는 몰라도 0은 알 수밖에 없다. 마찬가지로 오일러 공식의 1도 중요한 의미가 있다. 1은 곱셈의 항등원이어서 곱셈을 알아낸 외계인은 1도 알고 있을 것이 분명하다. 오일러 공식에 등장하는 허수 단위 i는 2차식, 3차식과 같은 대수방정식의 해를 고민해 본 외계인은 또 분명히 발견했을 것으로 보인다. 2차식의 해가 항상 2개가 있다는 것을 생각해 보면 실수집합을 복소수집합으로 확장할 수 있었으리라. 2차원 평면기하학과 원의 특별함을 알아낸 외계인이라면 π 역시 알 수 있을 것 같다. 자, 이제 남은 숫자는 e하나다. 외계인도 e를 알고 있을까?

내가 생각한, 숫자 e의 특별한 점이 두 가지 있다. 임의의 함수 $f(x)$를 미분한 함수를 $f'(x)$라고 하자. 그럼 $f'(x)=f(x)$, 즉 미분했는데 원래 함수와 같은 함수가 있다. 이 함수는 우주 어디서나 딱 하나 있다. 바로 $f(x)=e^x$다. 이 함수에 $x=1$을 대입하면 바로 e가 된다. 즉 미분을 알아낼 수 있을 정도로 수학이 발달한 외계인은 e도 알고 있을 것으로 거의 확신할 수 있다.

두 번째 e의 특별함은 은행의 정기예금 이야기로 설명해 보자. 예를 들어 어떤 은행에서 1년 동안 정기예금에 가입한 사람에게 100 %의 이자를 준다고 해보자. 원금으로 A를 맡기면 원금에 이자를 더해서 1년 뒤에 $A+A=2A$를 받는다. 은행 사이에 경쟁이 심해져서 이제 두 번째 은행이 새로운 정기예금 상품을 출시했다. 이 은행은 100 % 이자를 1년 뒤에 지급하는 것이 아니라 반년이 지나면 50 %의 이자($A/2$)를 지급하고 이 이자를 원금에 얹어서($A+A/2=(3/2)A$) 다시 또 반년의 기간에는 이렇게 늘어난 원금에 50 %의 이자를 지급한다. 1년의 기간이 끝날 때 가입자가 이 은행에서 받는 돈은 $(3/2)A+(1/2)(3/2)A=(1+1/2)^2A$가 된다.

세 번째 은행은 이제 3개월마다 25 %의 이자를 원금에 얹어주는 복리로 이자를 지급한다. 이제 무한 경쟁이 시작된다. 결국 1 s마다 그 다음에는 눈 깜빡할 때마다 복리로 이자를 지급하는 상품을 출시한 은행도 생긴다. 이자를 지급하는 주기가 0으로 수렴하는 극한에서 1년 뒤에 받게 될 원리금은 원금의 몇 배가 될까? 이자 지급 주기가 점점 줄어들면서 원리금이 늘어나므로 결국 무한대가 될까? 이 질문에 대한 답을 식으로 표현하면 $\lim_{n\to\infty}\left(1+\frac{1}{n}\right)^n$이다. 그리고 이 값을 계산하면 아니나다를까 e를 얻는다.

오일러의 공식에 등장하는 다섯 개의 놀라운 숫자는 지구라는 행성에 사는 우리 인간만의 것이 아니다. 정수의 덧셈과 곱셈을 알아냈고 대수방정식과 평면기하학, 그리고 미적분(또는 복리 정기예금)을 알아낸 외계인이라면 우주 어디서나 0, 1, i, π, e라는 수학의 다섯 상수를 알고 있을 것이 분명하다. 이 다섯 개의 상수가 만족하는 식이 바로 오일러 공식이다. 오일러 공식의 증명은 생략하지만 나는 지금도 흥미로운 다섯이 만나 등호를 만족한다는 사실이 정말 경이롭다.

원주율은 한 바퀴 빙 둘러 원의 둘레 C를 재고 이를 원의 지름 D로 나누어 얻어지는 숫자($\pi=C/D$)다. 원주율 π가 두 길이 C와 D의 비로 주어진다는 것이 아주 중요하다. 바로 이 이유로 둘레와 지름을, 현재의 국제 표준 길이의 단위인 '미터'로 재든, 아직도 국제 표준을 따르지 않고 있는 미국의 '인치'로 재든, 조선 시대의 '자'의 단위로 재든, 기독교의 구약 성서에 나오는 길이의 단위인 '규빗'으로 재든, 원주율 π는 항상 같은 값을 얻는다. (길이의 단위는 $\pi=C/D$의 분모와 분자 모두에 같이 있어서 약분되고 따라서 π는 단위가 없는, 즉 '차원'이 없는 수다.)

이처럼 원주율 π가 차원이 없는 수이기 때문에 수학적인 지식을 충분히 갖춘 문명이라면 지구의 고대 문명이든 우주 어딘가에 살고 있을 외계 문명이든 모두 π가 얼마인지는 알고 있음에 틀림없다. 2시 방향을 $\pi/3$의 각이라고 알려주면 외계인도 이해할 수 있다는 말이다.

끝나지 않는 계산

인류는 오래전부터 원주율이 모든 원에 대해서 같은 값이라는 것을 알았고 지난한 노력을 통해 그 값이 정확히 얼마인지 알아내 갔다. 기원전 2000년 전, 바빌로니아에서는 $\pi=3\frac{1}{8}$의 값(0.5 %의 오차)을, 이집트에서는 $\pi=\left(\frac{16}{9}\right)^2$의 값(0.6 %의 오차)을 이미 얻은 바 있다. 이보다 한참 후인 기원전 550여 년, 기독교 구약 성경의 〈열왕기〉에는 여전히 부정확한 $\pi=3$의 값(5 %의 오차)이 등장하는 점도 흥미롭다(우리나라에서도 조선 시대 전까지는 대부분의 계산에서는 마찬가지로 $\pi=3$을 이용했다).

π의 역사에서 가장 중요한 사람은 바로 기원전 3세기의 아르키메데스다. 그는 원에 내접하는 정다각형의 변의 숫자를 점점 체계적으로 늘리면서 π의 값을 원하는 자릿수까지 구할 수 있는 기하학적인 방법을 제안해 $3\frac{10}{71}<\pi<3\frac{1}{7}$임을 보였다. 이후 이를 개선해서 $\pi=\frac{211875}{67441}\approx 3.14163$을 얻었다고 전해진다. 참값과의 오차가 단지 0.001 %에 불과해 놀라울 정도로 정확한 값이다.

인도와 중국도 π의 계산에 대해서는 할 말이 많은 훌륭한 역사를 가지고 있다. 기원후 5세기에 살았던 중국의 조충지는 우리나라에도 전해져 큰 영향을 미친 저서 《철술》에서

π의 값을 소수점 아래 7자리까지 계산했고 인도에서도 서기 500년 즈음에 π가 3.1416 정도임을 알고 있었다고 한다. 우리나라의 경우에는 조선 초 세종대에 펴낸 천체의 운동에 대한 역서인《칠정산》에서 소수점 아래 다섯 자리까지의 π를 이용해 천문학적인 계산을 했다고 한다.

기하학적 계산법에 기반한 발전이 이어지다가 π의 역사에서 놀라운 전기를 만든 사람은 바로 미적분의 창시자 뉴턴이었다. 미분을 이용하면 임의의 함수 $f(x)$를 x의 무한한 길이의 다항식의 형태로 풀어쓸 수 있는데(이를 '함수의 급수 전개'라고 부른다), 이를 이용해 1666년경 뉴턴은 π의 값을 소수 16자리까지 구했다고 한다. 뉴턴이 창시한 적분법에도 π가 자주 등장한다. 수많은 예가 있지만 한 예를 들면, 반지름이 1인 원의 절반의 둘레를 구하는 적분식은 바로 $\pi=\int_{-1}^{1}\frac{dx}{\sqrt{1-x^2}}$로 적힌다. 식의 우변에는 숫자라고는 -1, 1, 2만 보이는데 이 식을 적분하면 π가 얻어진다는 점이 흥미롭다. 미적분학의 등장 이후로는 π의 계산은 기하학적인 방법이 아니라 함수의 급수 전개를 주로 이용하게 되었다. 20세기 컴퓨터의 등장 이후로는 π를 더 정확히 계산하는 일은 이제 컴퓨터가 맡았는데 고등학교 수학에서 배우는 수열의 점화식에 바탕한 알고리듬을 이용한다. 2021년에는 무려 소수점 아래 62조 8000억 자리까지도 슈퍼컴퓨터를 이용해 계산할 수 있게 되었다.

무한히 계속 이어지는 π의 소수점 아래 숫자들은 결코 반복되지 않는다. 소수점 몇 자리 아래까지 π의 값을 외우는지를 경쟁하기도 하지만 물리학자라면 소수점 아래 10자리 정도만 외워도 충분하다. 양자역학 수업으로 머리가 아파본 영어권 물리학자라면 π의 값을 외우기 위해 아래 영어 문장을 기억하는 것이 도움이 된다. "빡빡한 양자역학 수업을 듣고 나면 술 한 잔이 생각난다! How I want a drink, alcoholic of course, after the heavy lectures involving quantum mechanics!" 이 문장에 등장하는 단어들의 알파벳 개수를 하나씩 세보면 3, 1, 4, 1, 5, 9, 2, …… 라서 바로 π=3.14159265358979가 된다.

많은 사람이 훌륭한 과학 교양서로 꼽는 《코스모스》의 저자 칼 세이건은 영화로도 만들어진 소설 《콘택트》의 저자이기도 하다. 소설에는 우주를 만든 누군가가 π의 소수점 한참 아래에 흥미로운 숫자들의 패턴을 숨겨 놓았다는 재미있는 얘기도 나온다. 매년 3월 14일을 '파이의 날'로 축하하기도 하는데, 2015년 파이의 날은 더욱이 연-월-일을 서양 사람들처럼 월-일-연(mm-dd-yy)의 꼴로 적으면 3-14-15가 되어서 다른 해에 비교해서 '더 정확한 파이의 날'이기도 했다.

물리학으로 재는 π

간단한 물리 실험을 통해 π를 재는 방법도 있다. 길이가 l인 진자가 균일한 중력장 g안에서 움직일 때 그 주기는 $T=2\pi\sqrt{\frac{l}{g}}$이므로 l과 T를 측정하고 다른 실험을 통해 g를 알면 π를 잴 수 있다.

다른 방법도 있다. '뷔퐁의 바늘'이라는 것인데, 종이 위에 d의 간격으로 평행선을 여럿 그리고 그 위에 길이가 L인 짧은 바늘을 여러 번 던져 바늘이 평행선에 걸쳐지는 경우가 몇 번이나 되는지 세서 π를 구하는 방법이다. 이렇게 여러 번의 실험을 통해서 구한, 선에 바늘이 걸쳐지는 확률을 P라 하면 $\pi=\frac{2L}{dP}$이 된다. 종이와 자와 바늘, 그리고 끈기만 있다면 누구나 π를 잴 수 있다. **그림 8**은 내가 대학의 강의에서 학생들과 함께 한 실험 결과다. 17명이 서로 다른 조건으로 100번씩 바늘을 던져서 구한 π의 추정치를 얻고 이를 모아서 평균을 구해서 $\pi\approx3.10$의 값을 얻을 수 있었다. 바늘을 던져서 π를 추정하는 재미있는 실험이다.

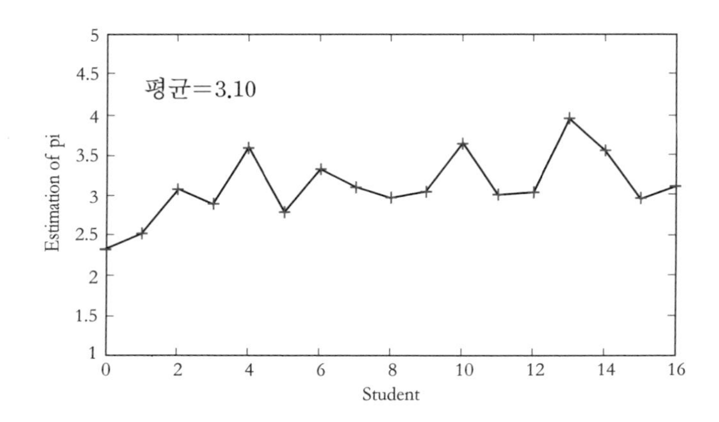

그림 8 바늘을 던져서 구한 π의 추정치 평균

π가 다른 세상을 상상할 수 있을까

지금까지 다른 장에서 소개한 상수는 하나같이 물리학 이야기였다면 π는 수학의 상수다. 빛의 속도, 중력 상수, 그리고 플랑크 상수가 다른 우주는 우리 우주와 확연하게 다르겠지만 어쨌든 상상할 수 있었다면 π가 다른 우주는 상상조차 할 수 없다. 평면기하학을 아는 외계인이라면 우리와 같은 π값을 알고 있을 수밖에 없기 때문이다. 만약 외계인과 통신하게 되었을 때 반지름이 일정한 원을 그리고 원의 둘레를 재서 그 비율을 구해서 우리에게 알려달라고 한다고 상상해 보자. 외계인이 구해서 알려준 π의 값이 우리가 이곳에서 알고 있는 값과 다를 수 있을까?

원의 둘레를 지름으로 나누어 π의 값을 정확히 얻기 위해서는 이 외계인이 사는 공간이 평평한 유클리드 공간이어야만 한다. 반지름이 R인 지구의 북극에 서서 지표면을 따라 같은 거리만큼 떨어진 점을 경도선을 따라 이어서 큰 원을 그려보자. 원을 점점 크게 그려 원이 바로 지구의 적도가 되면 이 원의 둘레는 $2\pi R$이 된다. 한편 원의 중심인 북극에서 이 원까지의 거리를 둥근 지구의 표면을 따라 재면 $2\pi R$의

1/4인 $\pi R/2$이다. 즉 이 큰 원의 둘레($2\pi R$)를 지름(πR)으로 나누면 $2\pi R/\pi R=2$가 바로 원주율이 된다. 이처럼 곡률이 0이 아닌 2차원 표면에서 원을 그리고 원주율을 재면 그 값이 π가 아닐 수 있다.

하지만 이런 경우에도 우리는 π의 값을 추정할 수 있다. 휘어진 공간에서 원을 그리고 둘레와 지름을 재서 둘의 비율을 구하는 과정을 점점 원의 반지름을 줄이면서 반복하면 된다. 무한히 작은 원을 가지고 원주율을 계산하면, 즉 원의 반지름 r이 0으로 수렴하는 극한에서 원주율을 계산하면, 우리가 아는 π와 같은 값을 얻게 된다. 이런 방식으로 측정하면 우주 어디서나 π는 같다. π의 값이 다른 우주를 우리는 상상할 수 없다.

현재 우주에 대한 숱한 관찰 결과는 우주 어디서나 물리학의 기본 법칙이 동일하다는 것을 알려주지만 어쨌든 우리는 물리학이 다른 우주를 상상할 수 있다. 수학이 다른 우주를 상상할 수는 없다. 수학이 물리학보다 더 크다. 행성의 운동에 대한 세 법칙을 발견해낸 위대한 과학자 케플러도 신이 우주를 설계하기 위해 사용한 도구가 기하학이라고 생각했다. 기하학은 우주보다 먼저 존재했다고 할 수 있다.

10장

지구가 원자보다 커서 다행

광전 효과와 양자역학의 탄생

1887년 헤르츠에 의해 관찰된 '광전 효과'는 빛을 쬐면 금속판에서 전자가 튀어나오는 현상을 말한다. 금속판의 전자는 판을 이룬 금속 원자들과의 상호 작용으로 인해 외부에서 에너지가 공급되지 않는 한 스스로 금속판을 벗어나지 못한다. 그런데 외부에서 빛을 받아 충분한 에너지를 가지면 전자는 이제 금속판을 박차고 밖으로 튀어나올 수 있다. 여기까지는 신기할 것이 전혀 없다.

그런데 광전 효과 실험에서 튀어나온 전자의 운동에너지가 쬐어준 빛의 진동수에는 의존하지만 빛의 세기와는 상관이 없다는 사실이 알려졌다. 즉 진동수가 큰(따라서 파장이 짧은) 빛을 쬐면 빛의 세기가 약해도 금속판에서 잘 튀어나오던 전자가, 진동수가 작은(따라서 파장이 긴) 빛을 쬐면 아무리 강한 빛을 쬐어도 튀어나오지 않는다. 이는 빛을 파동으로 해석하는 고전적인 전자기학으로는 설명할 수 없는 현상이었다.

플랑크가 깊게 생각해 보지 않은 에너지 양자의 개념을 이용해 광전 효과를 성공적으로 설명한 이가 바로 알베르트 아인슈타인이다. 1905년 출판한 논문에서 아인슈타인은 빛의 에너지가 플랑크 상수 h와 빛의 진동수 f의 곱인 hf를 단위로 해서 $hf, 2hf, 3hf, \cdots$ 처럼 띄엄띄엄 떨어져 있다고 가정해야, 즉 빛을 마치 하나둘 셀 수 있는 입자(빛알 혹은 광자)처럼 취급해야 광전 효과를 설명할 수 있음을 보여줬다.

진동수가 f인 빛알 한 개가 가지고 있는 에너지 hf가 전자 하나를 금속판으로부터 떼어내기 위해 필요한 에너지인 일함수 W보다 작다면 전자는 튀어나오지 못하지만 반대로 W보다 크면 전자는 $hf-W$만큼의 운동에너지를 가지고 금속판을 벗어난다. 같은 색의 빛이라도 강하거나 약할 수 있다. 색을 띤 빛의 세기가 강하다는 것은 다름 아니라 빛을 이루는 빛알의 수가 많다는 뜻이다. 많은 빛알이 금속판에 닿으면 금속판에서 튀어나오는 전자 하나하나의 운동에너지가 늘어나는 것이 아니라 같은 에너지를 가진 더 많은 수의 전자들이 튀어나오게 된다. 빛알을 이용한 아인슈타인의 단순하지만 아름다운 논의는 당시에 알려진 광전 효과의 실험 결과를 잘 설명한다.

우리 눈에 들어오는 빛은 수많은 빛알로 이루어져 있다. 그렇기에 빛이 작지만 띄엄띄엄한 양자역학적 입자라는 것을 경험으로 알기는 쉽지 않다. 간단한 계산을 해보자. 우리나라에서도 이미 생산이 거의 금지된 백열전구는 에너지 효율이 아주 낮아 2 % 정도다(이처럼 효율이 너무 낮아 백열전구는 조명 기구보다는 오히려 난방 장치로 쓰는 것이 제격이다). 소비전력 100 W인 백열전구가 빛으로 바꾸는 에너지는 2 W뿐이라는 말이다. 1초당 전구에서 나오는 빛알의 수를 N이라 하면 $Nhf=Nh\frac{c}{\lambda}=2\,\mathrm{W}$($c$는 빛의 속도, λ는 빛의 파장)이므로 전구에서 나오는 가시광선의 파장을 500 nm(나노미터) 정도로 대충 어림해 N을 구하면 1초에 전구에서 나오는 빛알의 수가 무려 10^{32}개가 넘는다는 점을 알 수 있다. 우리 눈에 보이는 빛을 띄엄띄엄한 빛알의 모임으로 파악하기 쉽지 않은 이유다.

고전역학으로 설명할 수 없는 미스터리들

전자기파와 같은 파동인 빛을 고전역학 기술만으로는 온전히 이해할 수 없다는 점을 밝혀서 양자역학의 여명을 밝힌 것이 아인슈타인의 '빛알' 개념이었다. 그리고 원자 모형이 점진적으로 발전하여 우리가 익숙하게 안다고 믿은 물질마저도 고전역학으로는 제대로 이해할 수 없다는 사실을 알게 됐다.

원자 내부에서 양(+)의 전하를 띤 부분은 고루 퍼져 있고 음(−)의 전하를 띤 전자는 띄엄띄엄 존재한다고 생각한 톰슨의 원자 모형은 러더포드의 산란 실험으로 수정됐다. 바로 원자핵이 발견된 순간이다. 물질의 궁극적인 구성 방식의 이해에 한 발짝 다가선 역사적인 순간이기도 했지만 기쁨도 잠시, 러더퍼드의 발견은 그때까지 알려졌던 물리학에 치명적인 타격을 줬다.

양의 전하를 띤 원자핵과 원자핵 주변의 음의 전하를 띤 전자 사이에는 쿨롱의 전기력이 서로를 끄는 방향으로 작용한다. 보편중력의 영향으로 태양 주위를 공전하는 지구처럼, 고전물리학은 전자가 원자핵 주위를 빙글빙글 회전하고 있는 모습이라고 알려준다. 그런데 지구와 달리 전자는 전하량을 가지고 있다는 점이 중요한 차이다. 당시에 잘 알려져 있던 맥스웰이 완성한 전자기학에 의하면 가속운동하는 전하(원운동도 속도의 방향이 계속 변하는 가속운동이다)는 전자기파를 계속 발생시킨다. 고전물리학은 이처럼 전자기파의 형태로 빼앗긴 에너지로 인해 전자와 원자핵 사이의 거리는 시간이 지나면서 점점 줄어들어 전자는 원자핵과 충돌해 하나로 합해질 운명이라고 예측했다. 그러나 자연에서 그런 일은 벌어지지 않는다. 도대체 원자의 내부에서 무슨 일이 벌어지고 있는 걸까?

고전물리학의 균열은 다른 곳에서도 발견되었다. 1885년 물리학자 요한 발머와 1888년 요하네스 뤼드베리는 뜨거워진 수소원자로부터 나오는 빛의 파장을 측정했다. 뤼드베리는 방출된 빛의 파장 λ가 $\frac{1}{\lambda}=R\left(\frac{1}{m^2}-\frac{1}{n^2}\right)$의 꼴($R$은 뤼드베리 상수, m, n은 자연수)을 만족한다는 관찰 결과를 발표했다. 외부 에너지의 유입으로 높은 에너지를 가지게 된 수소 원자에서 나오는 빛의 파장이 띄엄띄엄한 값을 가진다는 이 결과는 당시의 고전적인 물리학으로는 도대체 이해할 방법이 없었다. 이제 이 장의 주인공인 닐스 보어가 등장한다. 1913년 보어는 새로운 원자 모형을 통해 당시에 알려진 심각한 고전물리학의 난제들에 대한 성공적인 해결책을 제시했다.

미스터리를 설명하는 보어의 원자 모형

보어의 원자 모형에서는 (1) 원자핵 둘레의 전자는 띄엄띄엄한 불연속적인 반지름을 가지는 궤도에만 안정적으로 있을 수 있다. 전자가 한 궤도에 머물러 있는 한 고전적인 전자기학과는 달리 전자기파가 방출되지 않는다. (2) 전자가 한 궤도에서 다른 궤도로 옮겨갈 때에만 두 궤도 사이의 에너지 차이에 해당하는 전자기파를 흡수 혹은 방출한다. (3) 한 궤도에 있는 전자가 가질 수 있는 각운동량은 다음과 같이 띄엄띄엄하게 주어진다.

$$L_n = n\frac{h}{2\pi} = n\hbar(n=1, 2, \cdots)$$

보어는 이 가정들을 적용해 쿨롱의 전기 퍼텐셜에너지를 고려한 고전역학적 수식을 이용해서 수소 원자에 묶인 전자가 가질 수 있는 에너지가 띄엄띄엄하다는 것을 보였다. 또한 이를 이용해서 이전에 발머와 뤼드베리가 관찰한 수소에서 나오는 빛의 파장을 설명할 수 있었다. 보어의 원자 모형으로부터 얻을 수 있는 다른 흥미로운 결과로는 수소 원자의 전자가 가질 수 있는 최소한의 궤도 반지름이 존재해서 이보다 작은 반지름을 가질 수는 없다는 것도 있다. 이를 '보어 반지름' $a_0 = \frac{\hbar^2}{m_e ke^2}$이라 부른다($m_e$는 전자의 질량, e는 전자 전하량의 절댓값, 그리고 $k = \frac{1}{4\pi\varepsilon_0}$는 쿨롱의 상수다). 또 보어 반지름을 궤도 반지름으로 가지는 가장 낮은 에너지 상태에 있는 전자의 궤도 각운동량은 $L_1 = \hbar$이므로

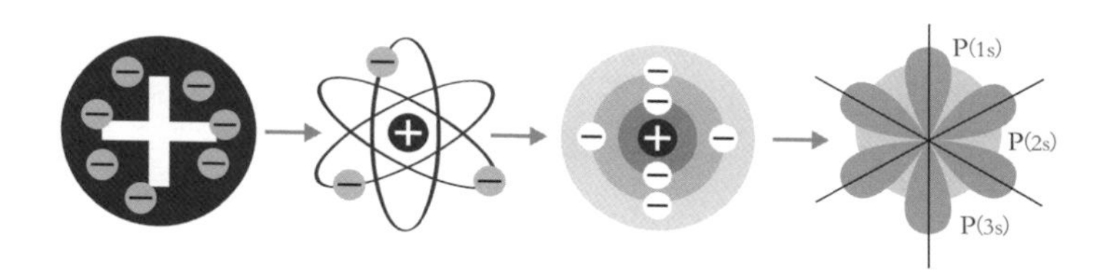

그림 9 원자 모형의 변천사
왼쪽부터 차례로 톰슨 – 러더퍼드 – 보어 – 하이젠베르크/슈뢰딩거의 원자 모형

이로부터 이 전자가 가지는 자기 모멘트를 구하면 $\mu_B = \frac{e\hbar}{2m_e}$이 되는데 이를 '보어 마그네톤'이라 한다. 궤도 운동에 의해 전자가 가질 수 있는, 자연이 허락한 최소한의 자기 모멘트의 값이다. 알려진 실험 사실을 놀라울 정도로 정확히 설명했지만, 보어의 원자 모형의 이론적인 바탕은 한동안 명확하지 않았다. 보어의 원자 모형의 이론적이고 체계적인 뒷받침은 슈뢰딩거와 하이젠베르크에 의해 양자역학이 완성된 다음의 일이다.

만약 보어 마그네톤과 보어 반지름이 달라진다면

보어 반지름 $a_0 = \frac{4\pi\varepsilon_0\hbar^2}{m_e e^2}$과 보어 마그네톤 $\mu_B = \frac{e\hbar}{2m_e}$과 같은 물리학의 상수는 더 근본적인 물리 상수에서 나온다. 이런 상수를 유도 상수라고 부른다. 그 값이 더 근본적인 다른 기본 상수의 값으로부터 유도되어 결정되는 상수라는 뜻이다. 플랑크 상수가 달라진 세상과 전자의 전하량이 달라진 세상을 각각 5장과 8장에서 상상해 봤다. 이 두 기본 상수가 고정되어 있어도 보어 반지름과 보어 마그네톤이 달라지는 것이 가능하다. 바로 전자의 질량 m_e가 달라지는 경우다. 전자의 질량은 정말 작아서 약 9.1×10^{-31} kg 정도에 불과하다. 만약 전자의 질량이 거시적인 크기인 1 kg가 될 정도로 늘어난다면 어떤 일이 생길까?

원자의 크기를 결정할 때 중요한 역할을 하는 것이 보어 반지름인데 보어 반지름은 전자 질량의 역수에 비례한다. 즉 만약 전자의 질량이 10^{30}배 정도 늘어난다면 보어 반지름은 10^{-30}배로 줄어든다. 모든 원자의 크기가 이처럼 줄어들게 되므로 전자의 전하량이 줄어든 경우와 마찬가지로 모든 물체의 크기가 급격히 줄어든다. 지구의 크기가 양성자의 크기보다 더 작아진 세상이다.

보어 마그네톤도 마찬가지로 줄어든다. 비록 전자가 가진 각운동량의 크기는 여전히 플랑크 상수로 결정되어서 아무런 변화가 없더라도 원자가 가진 자기 모멘트의 값이 10^{-30}배로 줄어든다면, 원자의 자기 모멘트가 측정할 수 없을 정도로 줄어든다. 자석의 자성도 사라져서 북쪽 방향을 알아낼 때 이용하는 나침반도 무용지물이 된다. 강자성을 이용해 비휘발성 메모리를 만들려고 연구하는 모든 과학자의 노력도 아무런 결실을 맺을 수 없다.

11장

벽을 뚫고 공중부양하는 물리학

슈퍼맨 같은 슈퍼 도체

원자나 전자와 같은 작은 입자를 뉴턴의 고전역학으로 설명하려고 하면 여러 문제가 발생한다. 이를 극복하는 과정이 바로 양자역학의 역사다. 눈에 보일 정도로 큰 것은 고전역학으로, 그보다 아주 작은 것은 양자역학으로 잘 기술된다. 모두 다 그렇지는 않다. 눈에 보일 정도로 큰 덩어리가 하나의 양자 상태에 있을 수 있는 초전도체는 예외다. 초전도체는 크면서도 작은, 즉 거시적인 크기지만 미시세계를 기술하는 양자역학을 잘 따르는 신기한 물질이다.

1908년 네덜란드의 물리학자 헤이커 카메를링 오네스는 끓는점이 아주 낮은 헬륨을 액화하는 데 성공했다. 어떤 기체를 액화할 수 있다면 이는 대기압에서 그 물질의 끓는점까지 온도를 낮출 수 있다는 뜻이다. 예를 들어보자. 대기압에서 보통 기체 상태에 있는 질소를 높은 압력을 주어 액체로 만든 다음, 이 액체 질소를 컵에 담아 다시 대기압에 두자. 이제 질소는 맹렬히 기화하면서 끓는점 온도인 77 K(혹은 −196℃)에 머문다. 끓고 있는 액체 질소에 물체를 넣으면 이제 물체의 온도는 77 K가 된다. 끓는점이 낮은 물질을 액화하는 기술은 바로 끓는점까지 다른 물질의 온도를 낮추는 냉각 기술인 것이다.

헬륨을 액화한 오네스는 헬륨의 끓는점인 4.2 K(−269 ℃)라는, 엄청나게 낮은 온도까지 물질을 냉각했던 첫 번째 과학자였다. 저온물리학의 지평을 연 오네스는 1911년 놀라운 발견을 했다. 액체 헬륨이 담긴 용기에 고체 상태인 수은을 풍덩 넣어 전기 저항을 재니 수은의 전기 저항이 갑자기 0으로 뚝 떨어지는 현상을 발견한 것이다. 물체의 전기 저항이 온도를 낮추면 점점 작아지는 현상은 잘 알려져 있었지만 이처럼 갑자기 0으로 떨어지는 것은 당시의 물리학으로는 전혀 이해할 수 없는 신기한 현상이었다.

고체는 전기적인 성질에 따라 전류가 잘 흐르는 도체, 전위차가 커도 전류가 흐르지 못하는 부도체, 그리고 그 둘의 중간 정도의 특성을 가지는 반도체로 나눌 수 있다. 오네스는 보통의 도체보다 전기가 훨씬 더 잘 통하는 새로운 물질의 상태를 발견했다. 보통 사람보다 엄청나게 뛰어난 능력을 가진 사람이 나오는 영화 〈슈퍼맨〉처럼 전기 저항이 0이 되어 전기를 엄청나게 잘 흘려주는 물질은 슈퍼 도체, 즉 초전도체라고 부른다.

초전도체가 단지 저항이 0인 도체가 아니라 완전히 새로운 물질이라는 것은 1933년 독일 물리학자 발터 마이스너와 로베르트 옥센펠트가 실험으로 명확히 보였다. 자기장이 걸린 상황에서 온도를 점점 낮추어 물체를 초전도 상태로 만들면 초전도체는 내부의 자기장을 밖으로 밀어내어 내부의 자기장이 0이 된다는 현상이 알려졌다. 초전도체 표면을 따라 빙글빙글 도는 형태로 만들어진, 초전도 전류에 따른 자기장이 외부의 자기장을 완벽히 상쇄하기 때문이다. 물체가 초전도체가 아닌 상태일 때 자석 위에 가만히 올려놓고는 점점 온도를 낮추어 초전도체가 되게 하면 이 물체는 내부의 자기장을 밀어내어 자석 위에 가만히 떠 있는다.

초전도체의 기이한 성질

초전도체의 전기 저항은 0이다. 학교에서 배우는 옴의 법칙 $V=IR$을 생각하면 초전도체는 아주 놀라운 성질이 있다. 즉 I가 0이 아니어도 $R=0$이므로 $V=IR=0$이 되어 전지를

그림 10 마이스너 효과에 의한 초전도체의 자기부상

연결해 유한한 크기의 전위차를 만들어주지 않아도 전류가 계속 흐를 수 있다. 달리 이야기하면 초전도체는 전류는 흐르는데 전위차는 없는 그런 놀라운 물질이라는 말이다. 초전도체를 자석 근처에 놓으면 초전도체 표면을 따라 흐르는 초전도 전류를 만들 수 있다.

이렇게 만들어진 전류가 시간이 지나면서 얼마나 줄어드는지를 보면 초전도체의 저항이 정말로 0인지 아니면 아주 작은 값이지만 0은 아닌지를 살펴볼 수 있다. 실제로 실험을 해보니 몇 년이 지나도 전류가 줄어드는 모습을 전혀 볼 수 없어 실험을 도중에 중단했다고 한다. 전류가 줄어드는 것을 보려면 우주의 나이보다 더 긴 시간을 기다려야 했을 것이라고 알려져 있다. 물리학에서 측정값이 0이라고 할 때는 보통 약간 의심의 눈으로 본다. 정확히 0이라는 것과 0에 가깝다는 것은 수학적으로는 하늘과 땅만큼 다르기 때문이다. 초전도체의 저항은 0에 가까운 것이 아니라 정말로 0이라는 것이 현재 물리학자들의 생각이다.

거시세계의 양자화

물리학에는 '자기다발'이라고 불리는 양이 있다. 보통 그리스 문자인 Φ로 적는데 면적이 S인 영역을 세기가 B인 자기장이 통과하고 있다면 자기다발은 두 양의 곱의 형태인 $\Phi = BS$가 된다. 고전역학으로 생각하면 자기장 B나 면적 S나 모두 연속적인 아무 값이나 가질 수 있으므로 자기다발 Φ가 띄엄띄엄 양자화되어 있을 아무런 이유가 없다. 그러나 놀랍게도 초전도체에서 Φ를 측정해 보면 Φ가 물리학의 기본적인 중요 상수인 플랑크 상수 h와 전자의 전하량 e로만 표현된 값 $h/2e$의 정수배만 가능하다는 점이 알려졌다.

양자역학을 이용하면 이 현상을 다음과 같이 이해할 수 있다. 동그란 구멍이 있는 도넛 모양의 초전도체가 있다 하자. 외부 자기장이 구멍을 통과하고 있고 그 자기다발이 Φ라고 하자. 구멍 주위의 초전도체 내부의 한 점을 기준으로 구멍을 한 바퀴 돌아 다시 원래의 위치로 돌아온 파동함수를 원래의 파동함수와 비교하면 둘은 서로 같아야 한다. 우리가 제자리에서 한 바퀴 빙 돌았다고 다른 사람이 될 수는 없듯이 같은 위치에서 두 방법으로 구한 파동함수가 서로 다르다면 말이 안 되기 때문이다. 양자역학의 파동함수는 복소수이므로 한 바퀴 빙 돈 파동함수가 원래의 파동함수와 같기 위해서 위상의 차이는 2π의 정수배만 허락된다. 이를 양자역학을 이용해 수식으로 적어 표현하면, Φ가 연속적일 수가 없으며 $h/2e$의 정수배의 값만을 가진다는 결론을 얻는다.

자기다발양자 $\Phi_0 = h/2e$에 전자의 전하량 e의 두 배인 $2e$가 등장하는 이유가 있다. 바로 초전도 현상을 만들기 위해서는 전자 둘이 짝을 이루어야 하기 때문이다. 온도가 낮아지면 전자 두 개 사이에는 고체 안의 소리알(포논, phonon)이 매개해서 서로 끄는 힘이 작용하고, 이로 말미암아 전자들은 둘씩 짝을 이루는 것을 더 선호하게 된다. 모든 물리학의 입자들은 두 종류로 분류할 수 있다. 페르미온이라고 불리는 입자들은 서로 싫어하는 쌍둥이 형제처럼 같은 양자 상태에 절대로 함께 있으려고 하지 않는다. 하지만 페르미온 둘이 함께 짝을 이루면 이 짝은 마치 둘이 한 몸이 된 하나의 입자처럼 행동할 수 있다.

양자역학은 우리에게, 페르미온 둘이 짝을 이루면 스핀의 값이 $\hbar$의 정수배가 되어 보손이 된다는 점을 알려준다. 보손 입자들은 서로 싫어하는 경향이 없어서 하나의 양자 상태에 수많은 입자가 바글바글 모여 있는 상태를 전혀 꺼리지 않는다. 온도가 낮아져 초전도 상태가 되면 서로 같은 상태에 있는 것을 참지 못했던 전자들이 둘씩 짝을 지어 보손이 되고(이 짝을 처음 제안한 물리학자의 이름을 따서 쿠퍼 짝이라 한다), 이렇게 보손이 된 쿠퍼 짝들은 온도가 낮아지면 가장 에너지가 낮은 바닥 상태에 엄청나게 많은 수가 함께 있게 된다.

이로부터 초전도 현상이 거시적인 양자 현상일 수 있는 이유도 쉽게 이해할 수 있다. 엄청나게 많은 거시적 규모의 전자들이 둘씩 모여 쿠퍼 짝을 이루고, 이들이 하나같이 딱 하나의 바닥 양자 상태에 있게 되기 때문이다. 초전도는 대표적인 거시적 양자 현상이다. 거시적인 크기에서도 양자 현상을 볼 수 있는 아주 흥미로운 물리 시스템이 바로 초전도체다.

벽을 뚫고 지나간다고?

두 초전도체 사이에 얇은 부도체를 끼워 넣으면 어떤 일이 생길까. 양자역학을 따르는 입자와 고전역학을 따르는 입자는 여러모로 다르지만 그중 대표적인 것이 바로 '꿰뚫기' 혹은 '터널링'이라고 불리는 현상이다. 운동에너지 K와 퍼텐셜에너지 V의 합으로 입자의 에너지 $E=K+V$를 적으면 고전역학에서는 항상 $V \leq E$를 만족해야만 한다. 만약

$V > E$가 되면 $K < 0$이어야 하는데 운동에너지는 $K = \frac{1}{2}mv^2$으로 속도의 제곱과 질량의 곱에 관계되므로 0보다 작을 수는 없기 때문이다.

하지만 양자역학에서는 $V > E$가 성립하는 영역에도 입자가 존재할 수 있으며 이런 영역을 입자가 꿰뚫고 지나가 한쪽에서 다른 쪽으로 이동할 수 있다. 두 초전도체 사이에 끼워 넣어진 부도체는 초전도를 일으키는 쿠퍼 짝이 머물기에 적당한 곳이 아니지만 가운데에 놓인 부도체가 크지 않다면 한쪽 초전도체에 있는 쿠퍼 짝이 다른 쪽 초전도체로 양자역학적 꿰뚫기를 할 수 있게 된다. 이 현상을 처음 이론적으로 규명하여 노벨상을 받은 물리학자가 브라이언 조셉슨인데 그의 이름을 따서 부도체가 가운데 낀 두 초전도체로 이루어진 이 구조를 '조셉슨 접합'이라 부른다.

조셉슨은 접합 양쪽 사이의 전위차 V와 접합을 통해 흐르는 초전도 전류 I가 접합 양쪽의 양자역학적 파동함수의 위상차 ϕ에 어떻게 의존하는지를 기술하는 두 식, $V = \frac{\hbar}{2e}\frac{d\phi}{dt}$, $I = I_c \sin\phi$을 유도했다. 이 두 식을 적절히 이용하면 접합을 통해 흐르는 전류가 문턱 전류 I_c를 넘기 전에는 접합 양쪽 사이에 전위차가 0인데도 전류가 흐른다는 것을, 즉 초전도 전류가 흐른다는 것을 보일 수 있다. 또 조셉슨 접합에 직류 전류를 흘려주면 접합 양쪽 사이에는 시간에 따라 오르내리는 꼴의 전위차가 만들어진다는 것도 쉽게 보일 수 있다. 더 흥미로운 것도 있다. 조셉슨 접합에 직류와 교류 성분이 둘 다 있는 외부 전류를 흘려주면서 접합 양쪽 사이의 전위차의 시간 평균을 구하면 $\langle V\rangle=\frac{\hbar\omega}{2e}n$이 되는 부분에 평평한 계단들이 만들어진다($\omega$는 전류 교류 성분의 각진동수이고 $n=0, 1, 2, \cdots$). 처음 이를 발견한 사람의 이름을 따서 '샤피로 계단'이라 부른다. 즉 조셉슨 접합에서 만들어지는 전위차도 계단 형태로 양자화되어 있다는 말이다. 만약 조셉슨 접합 N개를 직렬로 연결해 배열하고 같은 실험을 하면 전위차의 직류 성분이 $\langle V\rangle=\frac{N\hbar\omega}{2e}n$이 되는 부분에 평평한 계단들이 보이는 거대 샤피로 계단을 얻는다. '거대'라는 말이 붙은 이유는 이 실험의 접합의 수 N을 마음대로 크게 할 수 있기 때문이다. 두 개의 거대 샤피로 계단 사이의 차이를 구하면 그 값은 $N\hbar\omega/2e$가 된다.

이를 이용하면, 교류 전류의 각진동수 ω는 시간 주기의 역수고 시간은 아주 정확히 잴 수 있으므로 N을 충분히 크게 해서 전위차를 재면 두 가지 물리학의 근본 상수의 비 h/e를 놀라운 정확도로 잴 수 있다. 처음 거대 샤피로 계단이 알려졌을 때 h/e를 재는 정확한 방법이라는 점에 물리학자들은 기뻐했지만 곧 다른 문제가 알려졌다. 이 방법으로 h/e를 재려면 전위차 V를 재는 것이 필수적인데 이 부분이 쉽지 않았다. 똑똑한 물리학자들은 이를 뒤집어 거대 샤피로 계단을 이용해 측정한 전위차 V를 전위차의 표준으로 삼고 있다. 우리나라의 한국표준과학연구원에도 수만 개의 조셉슨 접합을 이용해 만든 조셉슨표준전압기가 있다. 거시적이면서도 양자역학을 따르는 흥미로운 초전도 현상은 이렇게 바로 우리 옆에 있다.

상온과 상압에서 초전도체가 구현된 세상이라면

초전도체가 우리가 살아가는 일상의 온도와 압력에서 실현된다면 어떨까? 초전도체는 이미 우리 곁에서 널리 이용되고 있다. 병원에서 이용하는 자기공명영상Magnetic resonance imaging, MRI은 아주 큰 자기장 안에 인체를 두고 인체 안 물 분자의 자기 모멘트가 어떻게 운동하는지를 측정해서 영상을 만든다. MRI 장치가 작동하기 위해서는 아주 큰 자기장을 만드는 일이 중요하다. 이를 위해 MRI는 전자석의 원리를 이용한다. 큰 전류를 흘려서 자기장을 만드는 것이다. 하지만 보통의 물질로 강력한 전자석을 만드는 것에는 한계가 있다. 물질이 가진 전기 저항 때문에 큰 전류를 흘리면 엄청난 에너지가 열로 소모될 뿐 아니라 이를 해결하기 위한 엄청난 규모의 냉각 장치가 필요하다. 현재 많은 MRI 장치가 초전도 자석을 이용해 강력한 자기장을 만드는 이유다. 초전도체를 이용하면 전기 저항이 정확히 0이어서 열로 인한 에너지 소모가 없다는 장점이 있지만, 아주 낮은 온도를 구현해야 초전도 현상을 계속 유지할 수 있다는 문제가 있다. 현대의 MRI 장치는 값비싼 액체 상태의 헬륨으로 낮은 온도를 유지한다.

초전도 현상이 이미 이용되는 다른 예는 바로 자기부상열차다. 초전도체의 마이스너 효과에 의해서 자기장 안에 놓인 초전도체는 스스로 반대 방향의 자기장을 만들고 이로 인해서 공중에 가만히 떠 있을 수 있다. 초전도체가 외부에 놓인 자석에 가까워지면 반대 방향의 자기장을 더 크게 만드는 식으로 작동해서 초전도체는 외부 자석 위 일정한 높이에 계속 떠 있는다. 이를 이용하면 초전도체를 바닥에 장착한 열차를 공중에 가만히 떠 있게 해 선로와의 마찰에 의한 에너지 손실 없이 손쉽게 높은 속도를 구현할 수 있다. 이미 여러 나라에서 실용화 단계에 진입한 기술이다.

만약 초전도 현상을 상온과 상압의 조건에서 구현할 수 있게 된다면 낮은 온도를 유지하기 위한 비용이 급격히 줄어든다. 그 덕분에 우리 일상에 초전도를 이용한 온갖 전자기기와 장치들이 급격히 늘어날 것이다. 에너지 손실이 전혀 없는 전력 수송도 가능해지고 전자 장치의 에너지 효율도 크게 향상된다.

아주 높은 압력이긴 하지만 상온에서 초전도 현상을 관찰했다는 연구가 몇 년 전 발표되어 학계의 비상한 관심을 끈 적도 있었다. 하지만 이후 이 실험이 재현되지 않고 논문의 데이터에 심각한 문제가 발생해서 논문이 게재 철회되는 사건이 2022년에 있었다. 나도 큰 관심을 가졌던 실험 결과여서 무척 안타까웠다. 그럼에도 상온과 상압의 조건에서 초전도를 구현하려는 물리학자들의 노력은 계속 이어질 것이 분명하다.

12장

혼돈을 두려워하지 마라

나비 효과의 탄생

1963년 기상학자 에드워드 로렌츠는 흥미로운 논문을 발표했다. 기상 현상 시뮬레이션 컴퓨터 프로그램에서 한번에 끝까지 계산한 결과와 도중에 컴퓨터를 멈췄다가 다시 이어 계산한 결과가 완전히 달랐다는 것이다. 컴퓨터 계산을 멈출 때는 그때까지 얻어진 결과를 프린터로 종이에 인쇄했고 이후에 계산을 이어 할 때는 종이에 프린트한 숫자를 컴퓨터에 입력해서 다시 계산을 이어갔다는 것이 유일한 차이였다.

한번에 죽 계산한 결과와 중간에 멈췄다 이어 계산한 결과가 달라진 이유가 있다. 컴퓨터가 내부적으로 숫자를 저장할 때 사용하는 자릿수와 중간에 프린터로 출력한 숫자의 자릿수가 달랐기 때문이었다. 로렌츠가 이용한 당시의 컴퓨터는 소수점 아래 여섯 자리까지를 내부 기억 공간에 저장해 계산했는데, 도중에 프린터로 결과를 출력할 때는 소수점 아래 세 자리까지만 출력했다. 프린터가 출력한 숫자를 다시 입력해 계산을 이어 하는 경우와 중단 없이 계속 계산한 경우를 비교하면 소수점 아래 세 자리까지는 같지만 그 아래의 숫자들은 같을 이유가 없다. 유효 숫자를 줄여 프린터로 출력했다는 우연에서 소수점 아래 네 자리 이하의 아주 작은 차이가 증폭되어 최종적으로는 놀라울 정도로 다른 결과가 발생한 것이다.

이처럼 처음 조건의 작은 차이가 증폭되어 완전히 다른 결과를 만드는 현상을 로렌츠는 "브라질의 나비 날갯짓이 텍사스에서 토네이도를 만들 수도 있다"라는 비유로 설명했다. 이를 따라 이러한 초기 조건에 대한 결과의 민감성을 '나비 효과'라 부른다. 나비가 특별한 곤충일 리는 없다. 로렌츠가 나비가 아닌 잠자리를 비유에 썼다면 잠자리 효과가 됐을 것이다. 어쨌든 작은 곤충의 미세한 날갯짓이 지구 저편 멀리에서는 토네이도를 만들 수도 있다는 점이 중요하다. 이러한 작은 차이에 의한 미래 예측의 불확실성은 해결하기 어려운 문제다.

로렌츠 방정식과 이상한 끌개

로렌츠와 관련된 또 다른 나비 얘기도 있다. 로렌츠는 기상 현상을 기술하는 여러 변수가 결합된 미분방정식을 단순화해서 딱 세 개의 식으로 줄였다.* 로렌츠 방정식이라고 불리는 이 식을 가만히 보면 선형이 아닌 비선형 미분방정식임을 알 수 있다. 로렌츠 방정식은 카오스를 보이는 가장 간단한 시스템으로 잘 알려져 있다. 비선형 동역학 연구에 의해 미분방정식의 꼴로 기술되는 세 개 이상의 변수를 가진 비선형 시스템에서는 카오스가 예외가 아니라 보편임이 알려졌다.

우리 주변에서 쉽게 눈으로 카오스를 볼 수 있는 시스템 중 하나가 바로 두 개의 막대로 연결된 이중 진자다. 이중 진자는 아무리 오래 쳐다보아도 항상 새롭게 움직이는 것처럼 보이지 결코 이전의 움직임을 반복하지 않는다. 이중 진자의 운동방정식을 결합된 일차 미분방정식의 형태로 적으면 모두 4개의 변수를 가진 비선형 시스템의 꼴이 되어 카오스가 나타난다.

---

* $\frac{dx}{dt}=\sigma y-\sigma x$, $\frac{dy}{dt}=\rho x-xz-y$, $\frac{dz}{dt}=xy-\beta z$. 세 개의 변수 x, y, z와 세 개의 매개변수 σ, ρ, β가 등장하는 일차연립 비선형 상미분방정식이다. 방정식의 우변에 두 변수의 곱인 xz와 xy의 이차항이 있는데 이로 인해 로렌츠 방정식은 비선형 방정식으로 분류된다.

로렌츠 방정식을 컴퓨터를 이용해 계산하면 시간 t가 지나면서 삼차원 공간(이런 공간을 비선형 동역학에서는 위상공간이라 부른다) 안의 점 (x, y, z)가 따라 움직이는 연속적인 경로를 시각화해서 보여줄 수 있다. 로렌츠 방정식에 등장하는 세 개의 조절 변수를 적당하게 조절하면 두 개의 나비 날개와 닮은 모양을 볼 수 있다. 이를 '로렌츠의 나비'라 부른다.

로렌츠의 나비는 카오스 현상이 자주 보여주는 '이상한 끌개'의 한 예다. 끌개는 비선형 동역학에서 자주 등장하는 개념인데 시간이 지나면서 빨려 들어가는 위상공간 안의 어떤 장소를 생각하면 된다. 예를 들어 책상 위에 놓인 스프링에 매달려 움직이는 물체는 결국 평형 위치 $x=0$에서 멈추게($v=0$)되므로 이 경우의 끌개는 (x, v)의 이차원 위상공간에서 원점 $(0, 0)$이 된다. 이 경우 끌개가 딱 점 하나이므로 끌개의 기하학적 차원은 0차원이다.

1차원인 선 모양의 끌개를 가지는 시스템도 있다. 시스템이 보여주는 위상공간 안에서의 경로가 결국 원 모양의 폐곡선 꼴로 수렴할 때가 바로 그렇다. 계절이 바뀌면 매년 주기적으로 변하는 곤충의 개체 수나 항상성을 유지하는 심장 박동 등을 수학적인 모형으로 구현하면 이처럼 찌그러진 원둘레 모양의 1차원 끌개를 볼 수 있다. 0차원, 1차원의 간단

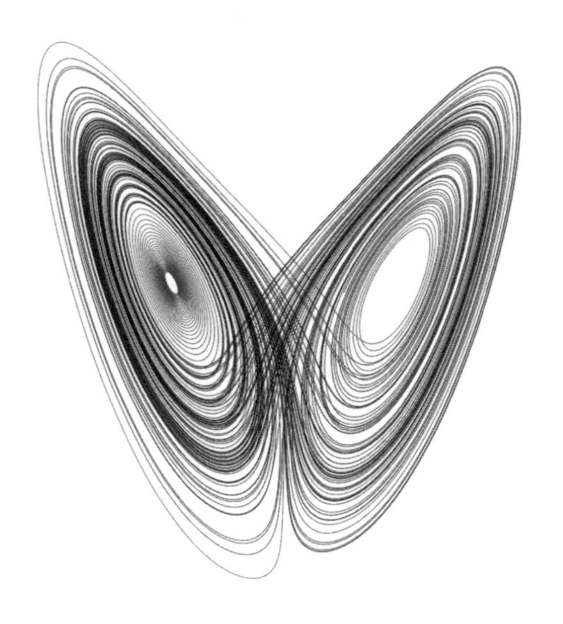

그림 11 로렌츠 방정식에서 만들어지는 이상한 끌개
로렌츠의 나비라고 불린다. 선들이 마치 서로 만나는 것처럼 보이지만
이는 3차원 안에 있는 끌개를 이차원 평면 위에 그림으로 표현했기 때문이다.
실제로는 3차원에서 무한히 이어지는 경로들은 결코 서로 만나지 않는다.

한 모양을 가진 끌개도 있지만 이보다 훨씬 복잡한 모양의 끌개도 있다. 아무리 기다려도 그전에 지나왔던 경로와 결코 만나지 않으면서도 위상공간의 다른 부분으로 훌쩍 벗어나지는 않는 그런 모양의 끌개다.

로렌츠의 나비가 바로 그렇다. 시간이 지나면서 계속 만들어지는 경로들은 위상공간의 주어진 영역 안에 영원히 머무르면서도 나비 날개 모양을 구성하는 수없이 많은 경로가 무한히 길게 이어진다. 새로 이어지는 경로는 그 이전에 만들어진 경로와는 절대로 다시 만나지 않는다. 이런 끌개의 이름은 아주 적절하게도 바로 이상한 끌개다. 그리고 카오스 시스템이 보여주는 이상한 끌개의 기하학적인 구조가 바로 '프랙탈'이다.

자기 자신을 닮은 자기 자신을 닮은 자기 자신……

다음은 고등학교에서 배우는 극한에 관한 수학 문제다. 가로 세로 1인 정사각형 안에 선을 그어 가로세로가 1/3인 9개의 정사각형으로 나누고, 가운데에 있는 정사각형 하나를 밖으로 들어낸다. 이제 남은 8개의 정사각형 하나하나에 대해 위의 과정을 반복한다. 이를 무한히 반복. 첫 단계에서 들어낸 것은 면적이 1/9인 정사각형 1개이고 두 번째 단계에서는 면적 $1/9^2$인 정사각형을 8개 들어내게 된다. 세 번째 단계에서는 면적 $1/9^3$인 8^2개의 정사각형. 위의 과정을 통해 들어낸 무한개의 크고 작은 정사각형들 전체의 면적의 합을 구해보면 무한급수의 꼴로 적혀 $\frac{1}{9}+\frac{8}{9^2}+\frac{8^2}{9^3}+\cdots=\frac{1/9}{1-8/9}=1$이 된다. 아니 잠깐. 처음 가지고 있던 큰 정사각형 하나의 면적이 1이었는데 들어낸 정사각형 모두의 면적을 더하니 같은 값인 1이 된 것이니 결국 아무것도 남지 않았어야 한다. 그런데 아직도 엄청나게 풍부한 크고 작은 기하학적인 구조가 남아 있다. 그리고 그 면적의 총합은 0이어야만 한다.

위의 방법으로 무한히 들어내고 남은 것, 그 구조가 바로 프랙탈이다. 들어내고 남은 모양에 대해 수학적인 방법으로 잘 정의한 차원을 계산하면 그 값은 1과 2 사이인 다음과 같은 값이 된다.

$$\frac{\log 8}{\log 3}\approx 1.8928$$

프랙탈의 기하학적인 차원은 정수가 아니다(마찬가지로 로렌츠의 나비가 갖는 차원은 2와 3 사이인 약 2.06 정도다). 이처럼 프랙탈을 이용하면 치즈 한 덩이를 가지고도 백만장자가 될 수 있다. 이번에는 3차원 치즈 한 덩어리에서 점점 더 작은 정육면체들을 들어내는 방법을 반복하면 된다. 이렇게 덜어내서 모아놓은 치즈 부피의 합은 처음 이 과정을 시작하기 전의 치즈 덩어리 하나의 부피와 같다. 그럼 또 들어내서 모은 치즈를 한 덩어리로 다시 뭉쳐서 이 과정을 반복하면 결국 무한한 수의 프랙탈 치즈 덩어리를 만들어 팔 수 있다. 그리고 놀랍게도 프랙탈 치즈를 다 판 다음에도 여전히 남은 치즈 덩어리의 양은 처음과 같다! (사실 문제가 하나 있다. 이 프랙탈 치즈는 부피가 0이어서 아무리 먹어도 배가 부르지 않다.)

파이겐바움 상수, 숨겨진 보편성

카오스 시스템의 특징을 한 문장으로 정리하면 '결정되어 있다고 해서 예측할 수 있는 것은 아니다'라고 할 수 있다. 결정론적인 운동방정식에 의해 명확히 적히지만 초기 조건에 대한 극도의 민감성으로 인해 도대체 미래에 어떤 경로를 따라 움직일지를 예측할 수 없기 때문이다. 이처럼 각각의 시스템에 대해서 구체적인 미래를 예측하는 것은 불가능할지라도 카오스를 보이는 다양한 시스템들이 가지고 있는 보편적인 특징이 있다. 이를 적절하게 시각화하면 그 기하학적인 구조가 프랙탈의 꼴로 나타난다.

수학자 브누아 망델브로의 딱정벌레 모양이 특히 유명한데, 이는 복소평면 위에서 $z_{n+1}=z_n^2+c$의 식을 무한히 반복할 때 $|z_n|$이 발산하지 않는 복소수 c의 집합으로 정의된다. 딱 한 줄로 적히는 식이지만 그 식으로 얻어지는 모양은 놀라울 정도로 복잡하고 아름답다.

또 다른 유명한 문제는 소위 병참 본뜨기라고 불리는데 $x_{n+1}=rx_n(1-x_n)$을 r을 바꿔가면서 무한히 반복하면서 최종 수렴하는 점 x_∞들을 그리는 방법으로 시각화한다. 이를 쌍갈래 그림이라 한다.

망델브로의 딱정벌레나 병참 본뜨기는 완전히 다른 문제지만 이 둘을 함께 그린 그림을 분석하면 놀랍게도 그 기하학적인 구조에 놀라운 공통점이 있다는 것을 알 수 있다. 병참 본뜨기에서 끌개가 두 갈래로 갈라지는 일이 생기는 흥미로운 지점들이 망델브로의 딱정벌레의 특정 위치들과 놀라울 정도로 잘 일치한다. 이와 같이 다양한 카오스에 숨겨진 보편성을 연구해서 놀라운 성과를 거둔 이가 바로 미국의 물리학자 미첼 파이겐바움이다.

병참 본뜨기의 갈림 그림을 보면 r의 값이 커지면서 주기가 1, 2, 4, 8 등 두 배씩 커지는 현상(주기배가, period doubling)을 볼 수 있는데 m번째의 주기배가가 일어나는 r

의 값을 r_m이라고 할 때 파이겐바움은 다음과 같음을 보였다.

$$\delta = \lim_{m \to \infty} \frac{r_{n-1} - r_{n-2}}{r_n - r_{n-1}} = 4.66920160910299067\cdots$$

파이겐바움의 상수 δ는 다양한 수학적인 본뜨기 모형에서뿐 아니라 실제의 실험에서도 발견되는 보편 상수다. 예측 불가능한 다양한 카오스 시스템들이 공유하는 아름다운 보편성이 존재한다는 말이다. 물리학의 눈으로 보는 자연 현상은 정말 아름답다.

프랙탈이 없는 세상을 상상할 수 있을까

비선형 동역학과 프랙탈은 물리적인 세상이 아니라 수학적인 세상의 보편적인 구조를 드러낸다. 프랙탈은 주어진 방정식으로부터 출현하는 순수한 수학의 산물이다. 프랙탈이 없는 수학은 상상하기 어렵다는 얘기다.

수학적인 프랙탈은 유한한 공간 안에 무한한 길이나 무한한 면적을 구현한다. 로렌츠의 끌개는 결코 주어진 3차

그림 12 강화도에서 찍은 나무
부분이 전체를 닮은 프랙탈 구조를 볼 수 있다.

원 위상공간의 부피를 벗어날 수 없지만, 그 안에서 무한히 긴 경로의 형태로 존재하듯이 말이다. 주어진 부피 안에서 가장 큰 면적을 구현하는 것이 중요한 자연 현상이 많다. 예를 들어 나무는 자신이 사용할 수 있는 자원(나무의 전체 부피, 혹은 나무의 질량)이라는 제한 조건 안에서 가능한 넓게 나뭇잎을 펼치는 것이 유리하다. 태양에서 쏟아지는 햇빛을 가장 효율적으로 이용하기 위해서다. 나무가 더운 여름날 시원한 그늘을 만드는 것은 우리 인간을 위해서가 아닌 것이다. 나무는 프랙탈 구조를 이용한다.

내가 강화도로 가족 여행을 갔을 때 찍은 **그림 12**를 보자. 왼쪽 사진을 보면 마치 나무 한그루 전체를 찍은 것으로 보인다. 하지만 왼쪽 사진은 오른쪽 사진에 찍힌 나무의 한 부분이다. 한번 어느 가지를 찍어서 확대하고 회전해서 왼쪽 사진을 만든 것인지 찾아보라. 왼쪽 사진만 보면 우리는 나무 전체인지 나무의 부분인지 알기 어렵다. 나무가 프랙탈 구조를 가지고 있기 때문이다.

주어진 자원으로 면적을 넓게 하는 것이 목적인 많은 자연 현상에서 이처럼 프랙탈 구조를 볼 수 있다. 나무의 뿌리도 나무의 가지처럼 프랙탈 구조를 가지고 있고, 우리 모두의 몸속 허파로 이어지는 기관의 구조도 프랙탈이다. 우리 모두의 가슴 속에는 나무가 한 그루씩 들어 있는 셈이다.

세상은 왜 다른 모습이 아니라
이런 모습일까?

초판 1쇄 발행 2023년 12월 26일

지은이 김범준
책임편집 권오현
디자인 이상재 · 김은희

펴낸곳 (주)바다출판사
주소 서울시 마포구 성지1길 30 3층
전화 02-322-3885(편집), 02-322-3575(마케팅)
팩스 02-322-3858
이메일 badabooks@daum.net
홈페이지 www.badabooks.co.kr

ISBN 979-11-6689-195-3 03420